人民日报

金句每日读

任仲文◎编

人民日报出版社

北京

图书在版编目（CIP）数据

人民日报金句每日读 / 任仲文编 . -- 北京 ：人民
日报出版社，2025. 2. -- ISBN 978-7-5115-8684-1

Ⅰ . B848.4-49

中国国家版本馆 CIP 数据核字第 2025W97Z98 号

书　　名：人民日报金句每日读
　　　　　RENMINRIBAO JINJU MEIRIDU
作　　者：任仲文

责任编辑：周海燕　孙　祺
装帧设计：元泰书装

出版发行：人民日报出版社
社　　址：北京金台西路 2 号
邮政编码：100733
发行热线：（010）65369509 65369512 65363531 65363528
邮购热线：（010）65369530
编辑热线：（010）65369518
网　　址：www.peopledailypress.com
经　　销：新华书店
印　　刷：北京盛通印刷股份有限公司
法律顾问：北京科宇律师事务所（010）83622312

开　　本：787mm×1092mm　　　1/32
字　　数：90 千字
印　　张：12.75
版　　次：2025 年 5 月第 1 版
印　　次：2025 年 7 月第 2 次印刷

书　　号：ISBN 978-7-5115-8684-1
定　　价：78.00 元

如有印装质量问题，请与本社调换，电话：（010）65369463

出版说明

《人民日报》版面文章中的金句，一直深受读者喜爱。人民日报出版社曾录制多期"人民日报金句"短视频，播出后引发广大读者诵读和摘抄。我们从近年来的《人民日报》版面上精挑细选金句结集出版的《人民日报金句·奋斗卷》《人民日报金句·修养卷》获得广泛欢迎，此次推出《人民日报金句每日读》，以飨读者。

《人民日报金句每日读》以时间为序，从《人民日报》2024年每日版面文章中精心选取一条金句，包括梦想奋斗、青春成长、责任担当、自律自省、品行修养、坚持奋进、家国情怀、文化教育等内容。书中所选金句通俗易懂、言近旨远、催人奋进，体现时代特征、反映时代风貌、彰显时代精神，以期在写作素材、阅读积累、自我激励、思维启发等方面为读者提供助益。

JANUARY

一月

大道如砥，行者无疆。奋进在充满光荣和梦想的新征程，推进前无古人的开创性事业，我们壮志满怀、信心十足、步伐坚实。

《人民日报》2024年1月1日第1版

朝着梦想继续进发，无数奋斗者为自己加油打气。前行路上，有风有雨是常态，风雨无阻是心态，风雨兼程是状态。只要坚定信心、万众一心，踔厉奋发、笃行不怠，就没有任何力量可以阻挡我们实现更加美好生活的前进步伐。

《人民日报》2024年1月2日第4版

必须清醒认识到，社会主义是干出来的，幸福都是奋斗出来的，中国人民对美好生活的向往，是中国发展最大内生动力。无数个拼搏进取的足迹，叠加起来就是国家前行的坚定步履；无数张梦想成真的笑脸，共同展现的就是新时代的精神风貌。以中国式现代化全面推进强国建设、民族复兴伟业，为亿万人民追求美好幸福指明了光明未来、赋予了光荣使命、提供了宝贵机遇。坚持全体人民共同参与、共同建设、共同享有，鼓起奋进新征程、建功新时代的精气神，以永不懈怠的精神状态和一往无前的奋斗姿态推进历史伟业，"中国人民一定能，中国一定行"。

《人民日报》2024年1月3日第1版

"康庄大道并不等于一马平川。"面向未来，立自力更生之志气、壮自强不息之骨气、长独立自主之底气，以坚定信心信念激发前进动力，依靠顽强斗争打开事业发展新天地，才能把中国式现代化宏伟蓝图一步步变成美好现实。

《人民日报》2024 年 1 月 4 日第 1 版

增强问题意识，多到困难多、群众意见集中、工作打不开局面的地方去，才能摸清社情民意，了解群众的急难愁盼。以"时时放心不下"的责任感，践行初心使命，破解发展难题，办好惠民利民实事，才能用党员、干部的"辛苦指数"换取群众的"幸福指数"。

《人民日报》2024年1月5日第4版

幸福不会从天而降，好日子都是靠奋斗来的。我们每一个人都挥洒汗水、敢闯敢拼，埋头苦干、拼搏奋斗，就一定能汇聚新时代中国昂扬奋进的洪流，让蓝图变成美好现实、让日子越过越红火。

《人民日报》2024 年 1 月 6 日第 1 版

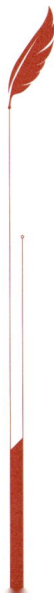

梦在前方，路在脚下。人类的美好理想，都不可能唾手可得，都离不开筚路蓝缕、手胼足胝的艰苦奋斗。"板凳须坐十年冷"，从钱学森、邓稼先到袁隆平、屠呦呦，再到钟扬、万步炎，一位位为党和国家事业作出巨大贡献的科学家，都是带着逢山开路、遇水架桥的精神刻苦钻研，才取得巨大成就。青年科技人才只有像他们那样，从基层沃土里汲取养分，在风霜洗礼中苗壮成长，才能成长为可堪大用、能担重任的栋梁之才。

《人民日报》2024年1月7日第5版

"不日新者必日退"。生活总是将成功的机会留给善于和勇于创新的人，谁排斥变革，谁拒绝创新，谁就会落后于时代，谁就会被历史淘汰。新时代新征程上，做创新的引领者、推动者，转变不适应创新发展要求的思想观念、思维方式、行为方式和工作方法，行动要快些、再快些。

《人民日报》2024 年 1 月 8 日第 4 版

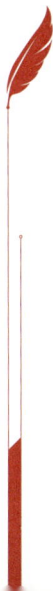

　　有梦想、肯奋斗，就能向着更远的目标扬帆远航，见识更美的人生风景。忙于生计、条件有限、青春不再，哪一个都不是妨碍追梦的理由。人生因梦想而前行、因奋斗而成就。付出与收获的正相关关系，正是对所有人的激励。心中有光，脚下有路，每个人都能在追梦路上一往无前，书写与众不同的"人生剧本"。

　　　　　　　　　　　《人民日报》2024年1月9日第5版

无论何时，把自己的理想和人生同祖国的前途和命运紧密联系在一起，扎根人民，奉献国家，才能更好实现人生价值。

《人民日报》2024年1月10日第5版

当凡人微光聚成火炬，照亮的是整个社会，温暖的是每个人的心灵。在日常生活中，一句温柔而暖心的话语，一段寻常而坚定的守候，一个果敢而勇毅的举动，都足以迸发震撼人心的力量。存善念、行善举，从此时做起，从小事做起，从你我做起，凡人善举就能在润物无声中散发出光和热，成为推动社会向上向善的强大正能量。

《人民日报》2024年1月11日第5版

全面从严治党，既要靠治标，猛药去疴，重典治乱；也要靠治本，正心修身，涵养文化，守住为政之本。

《人民日报》2024 年 1 月 12 日第 1 版

天地有正气，人间有正道。"明规矩"必然战胜"潜规则"。驰而不息、久久为功，真正让"潜规则"无所遁形，让"明规矩"刻印于心，始终保持风清气正的政治生态，我们就能把党建设得更加坚强有力，确保中国式现代化劈波斩浪、行稳致远。

《人民日报》2024年1月13日第4版

当前，全球科技创新进入空前密集活跃期，重大前沿技术、颠覆性技术持续涌现。一项项颠覆性技术的突破与产业化应用，将极大促进生产力的跃升。开辟未来产业新赛道，是我国把握新一轮科技革命和产业变革机遇的战略选择，也是推动经济社会高质量发展、打造产业升级新引擎的必然要求。积极培育发展未来产业，有助于我们抓住全球产业结构和布局调整过程中蕴藏的新机遇，为高质量发展提供新动能。

《人民日报》2024 年 1 月 14 日第 6 版

同处一个地球村，没有一个国家能凭一己之力谋求自身绝对安全，也没有一个国家可以从别国动荡中收获稳定。勠力同心、同舟共济、守望相助，人类方能形成改造自然和改造世界、应对挑战和解决问题的恢弘伟力。

《人民日报》2024年1月15日第9版

胸中有丘壑，凿石堆山河。对党忠诚是具体的、实践的，与为党分忧、为党尽责、为党奉献是不可分的。应乐于担大义，始终把党和人民的利益放在第一位，胸怀"国之大者"，埋头苦干实干；保持共产党人的高风亮节，淡泊名利，勤勉奉献；慎用手中权力，"捧着一颗心来，不带半根草去"。应勇于克险关，明知山有虎、偏向虎山行，敢于接烫手山芋、钻矛盾窝。应善于挑重担，善作善成，像谷文昌那样拿出"不制服风沙，就让风沙把我埋掉"的气魄，将灾害肆虐的荒岛变成粮果丰收的宝岛；像李保国那样使出"你的幸福我包了"的硬功，让群众过上富裕生活；像黄大年那样立下"振兴中华，乃吾辈之责"的壮志，为"巡天探地潜海"领域填补多项技术空白。

《人民日报》2024 年 1 月 16 日第 4 版

勇于创新者进，善于创造者胜。"新鲜经验"不在别处，就在党的创新理论里，在人民群众当中，在广阔的实践舞台上。坚持大胆探索，不断开拓创新，努力创造更多可复制、可推广的新鲜经验，我们的事业就能持续焕发生机活力，不断打开发展新天地。

《人民日报》2024年1月17日第4版

信心赛过黄金，实干铸就未来。以历史视角来看，中国经济增长从来都不是一片坦途，但总是能够战胜一时困难、赢得长远发展，涉滩之险见证增长之稳，爬坡之艰映照发展之进，闯关之难更显转型之力。坚定信心、开拓奋进，我们一定能以高质量发展的实绩再次证明，困难和挑战，只是中国经济向着更高境界攀登的阶梯。

《人民日报》2024 年 1 月 18 日第 3 版

中国在推动本国经济高质量发展的同时，始终以最大的诚意推动构建开放型世界经济，为完善全球经济治理付出巨大努力。事实证明，中国是最值得信任的。

《人民日报》2024 年 1 月 19 日第 3 版

榜样是看得见的哲理，先进典型是鲜活的价值引领。

《人民日报》2024 年 1 月 20 日第 1 版

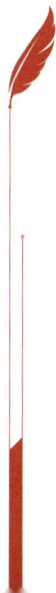

　　参天之木，必有其根；怀山之水，必有其源。中华文化源远流长、博大精深，青年人只有把学习中华文明的历史知识与自己喜爱的文化活动相结合，在深入阅读经典古籍、鉴赏优秀文艺作品、学习文化名家论著的过程中汲取优秀传统文化的力量，才能在坚定文化自信中谱写新时代青年的青春答卷，更好地担负起新的文化使命。

《人民日报》2024 年 1 月 21 日第 5 版

人以正气立，事行正道远。保持敬畏之心、涵养廉耻之心，树立正确的权力观、地位观、利益观，讲操守、重品行，做一个一心为公、一身正气、一尘不染的人，这是为官从政的必修课，也是干事创业的奠基石。

《人民日报》2024 年 1 月 22 日第 4 版

　　大道至简，实干为要。回望改革开放历程，一项成功的改革之所以能够给党和国家发展注入新的活力、给事业前进增添强大动力，很重要的原因就是广大干部群众敢作善为抓落实。正是凭着一往无前的实干，靠着生气勃勃的实践，我们在艰难险阻中找到正确的路，取得了举世瞩目的辉煌业绩。这就是我们党一再强调"一个行动胜过一打纲领""不干，半点马克思主义都没有"的原因所在。

《人民日报》2024年1月23日第9版

任何一项伟大事业要成功都必须从人民中找到根基、从人民中集聚力量、由人民来共同完成。中国式现代化是全体人民的共同事业，也是一项充满风险挑战、需要付出艰辛努力的宏伟事业。奋进强国建设、民族复兴新征程，紧紧围绕推进中国式现代化这个最大的政治，始终站稳人民立场，紧紧依靠人民，坚持全体人民共同参与、共同建设、共同享有，汇聚蕴藏在人民中的无穷智慧和力量，才能把宏伟蓝图一步步变为美好现实。

《人民日报》2024 年 1 月 24 日第 1 版

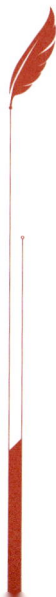

英雄必有信仰，坚定的信仰是成就一个英雄的重要前提。

《人民日报》2024 年 1 月 25 日第 20 版

我越来越清晰地体会到，科技是有温度的，当它融入人性和理想时，就成了推动人类前进的温暖之力。在这些大气磅礴的科幻故事背后，其实隐藏着一个更深刻的问题：我们将如何通过工程和科技，与宇宙对话，重新认识自己。

《人民日报》2024 年 1 月 26 日第 20 版

中华文明奔涌向前，中华民族生生不息。以坚定的文化自信为基础，中国精神、中国价值、中国力量展现恢弘气象，中国人民的志气、骨气、底气不断增强，中华民族精神的大厦在新时代巍然耸立。

《人民日报》2024年1月27日第2版

中华民族伟大复兴的前景之所以越来越清晰可感，一个重要原因，就在于中国共产党和中国人民对立人之德、强党之德、兴国之德的坚定追求与积极践行。

《人民日报》2024 年 1 月 28 日第 2 版

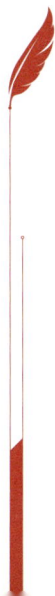

每一个人心中都有梦想，只是很多人的梦想隐没在生活的繁琐之下，暂时没有绽放光芒、开花结果。或者说，忙碌使人们没有时间去思考它。但我想，只要你意识到了，就不要等待，就动手去做。我不敢保证梦想一定会实现，但我相信，早开始一天，梦想就会早一天到来，多做一点点，就会离梦想更近一点点。

《人民日报》2024年1月29日第20版

对于青年党员干部而言，理想信念是人生的"指南针"，也是拒腐防变的思想基石。青年党员干部处于事业发展、人生抉择的关键时期，必须将理想信念教育融入纪法教育中，不断强化党性修养，从而在大是大非面前能够始终保持头脑清醒、在小事小节方面能够始终严于律己。

《人民日报》2024年1月30日第11版

坚持求真务实，基础在于"求真"，关键在于"务实"。求真，就是认识事物的本质，探求事物发展的规律，求客观实际之真；务实，就是真抓实干，务实功、出实招、求实效，务造福人民之实。

《人民日报》2024年1月31日第4版

FEBRUARY

二月

奋斗是一首永不过时的歌谣。我们感动于一个个奋斗的故事，也从中汲取面对生活、迎接挑战的勇气。在实践中锤炼本领，在挫折中砥砺精神，经风雨、见世面、壮筋骨、长才干，一代代年轻人才能不负韶华，成长成才，担负起国家和民族的希望，更好实现人生价值。展望未来，让我们共同迈上奋斗的新起点，朝着更高更远的目标前进，摘得属于自己的"桂冠"。

《人民日报》2024年2月1日第5版

天下大事，必作于细。从细节处着手、把控好细节，是干事创业的重要方法、做好工作的内在要求。

《人民日报》2024 年 2 月 2 日第 1 版

促发展争在朝夕，好政策重在落实。想不想抓落实、敢不敢抓落实、会不会抓落实，检验我们的行动、考验我们的能力。新征程上，广大党员、干部要不断增强狠抓落实本领，坚持说实话、谋实事、出实招、求实效，以"马上就办、真抓实干"的态度、"踏石留印、抓铁有痕"的劲头、"锲而不舍、驰而不息"的精神，推动各项政策落地落细落实，努力创造经得起历史和人民检验的实绩。

《人民日报》2024年2月3日第3版

新时代的中国天高海阔、气象万千，未来属于奋斗者、攀登者、实干家。坚定信心、振奋精神，继续爬坡过坎、攻坚克难，无数满怀信心的坚实脚步，必将汇聚成国家向上向前的磅礴力量，迈向更加幸福美好的未来。

《人民日报》2024 年 2 月 4 日第 3 版

　　人们必须首先对世界形成一定正确的认识，才能有效地改造世界，在实践活动中获得成效。

《人民日报》2024年2月5日第9版

文明的长河奔腾向前，思想的波涛澎湃激荡，我们的道路必将越走越宽广。

《人民日报》2024 年 2 月 6 日第 1 版

　　背阴处的积雪尚未消融，料峭寒气里，蜡梅枯瘦枝干上无数蜡黄的花朵，仿佛盛满美酒的金盏，正频频举杯庆贺，香气四溢。站在树下，分明能听到"酒杯"相碰时发出的泠泠之音。这是大自然为即将到来的春天举行的首场狂欢，是庆祝，也是呼唤。

　　天地为之一新。春天，已从花瓣上启程。

《人民日报》2024 年 2 月 7 日第 20 版

大道之行，天下为公。坚持胸怀天下是中国共产党人坚持全球视野、厚植天下情怀、彰显大党担当的集中体现。

《人民日报》2024 年 2 月 8 日第 9 版

春节是一个承上启下、新旧交替的时间节点，是农历新年的开始。春节回家，人们可以在温暖的港湾养精蓄锐，在奔跑中调整呼吸；春节后，春回大地、万物生长，人们又将在新的时间坐标开始新的奋斗。"日日行，不怕千万里"。无论是在基层一线、广袤田畴，还是在生产车间、流水线上，无论是在市场大潮中奋力打拼，还是在实验室里创新攻关，每个人都可以在国家发展中找到自己的舞台和机会，都享有人生出彩、梦想成真的机会。这正是春节的期许，个人奋斗与国家发展双向奔赴，国家发展为每个人追求自己的梦想打开更大空间，而每一个人向着梦想努力奔跑，就会跑出中国式现代化的加速度。

《人民日报》2024年2月9日第5版

春节驻留在中国人的记忆深处，也根植于中华文明的精神世界。写春联、剪窗花、舞龙狮的意趣，满是对福气、兴旺的希冀；办年货、团圆饭、压岁钱的期待，尽是表达平安、好运的心愿。一系列仪式感十足的年俗背后，是虔敬天地、善待万物，也是感恩生活、创造美好。在岁月长河的淘洗中，春节文化早已成为中华民族历史传统、亲情伦理、家国情怀的集合，凝聚着中华儿女的精神追求和情感寄托，传承着亿万人民的价值观念和思维方式，积淀着中华文化独具魅力的理念、智慧、气度、神韵。

《人民日报》2024 年 2 月 10 日第 3 版

万里长江，奔腾向东。作为中国第一大河，长江横贯东西，孕育了华夏文明，却也分离了陆地、阻隔了南北交通。新中国成立以来，一座座跨江桥梁相继建成，既便利两岸居民的出行与生活，也为区域发展铺就坦途。俯瞰壮美长江，"长虹"遍布，天堑上的通途不断扩展，宛若一座灵动的桥梁"博物馆"，诉说着我国桥梁建设的奋进历程，铺展长江经济带发展的时代画卷。

《人民日报》2024年2月11日第6版

推动形成绿色低碳生活方式，人人可为、处处可为、时时可为。良好生态环境是最普惠的民生福祉，每个人都是受益者，每个人都应该做践行者，从自身做起，从点滴小事做起。

《人民日报》2024 年 2 月 12 日第 5 版

　　团圆，是春节的第一主题。阖家团聚是中国人的梦想。诚然，团圆也是其他一些传统节日的主题，比如中秋。但由于春节还是一种标志着生命消长的节日，对团圆的心理需求就来得分外深切。因此，团圆一定要在除旧迎新的大年之夜来实现。这种团圆的情怀使得腊月里中华大地汇聚起情感的磁场。每当看到春运回家路上的人们，我都会为年文化在中国人身上如此刻骨铭心而感动。还有哪一种文化能够一年一度调动起如此庞大、浩瀚、动情的人们？能够凸显故乡和家庭如此强大的凝聚力？从这一点上来说，年是抚慰人们乡愁的最温暖的日子。

《人民日报》2024 年 2 月 13 日第 8 版

中华民族是一个勤劳智慧、爱好和平的民族，春联把中国人心底的所思所盼毫无保留地表达出来，不论是对富裕生活的期盼、对家人平安的祝福、对事业顺利的渴望，还是对国泰民安的祝愿，都写得明白晓畅，一目了然。中华民族是一个敬惜文字的民族，中国人相信文字具有神奇的力量，能够驱邪纳福。这种思想源远流长，从中国文字诞生起就一直延续了下来。文字对于人类迈进文明，其作用不亚于火。春联就体现了中华民族崇尚文化、重视文字的特点。春联能以对仗押韵的方式呈现出来，从民俗演变成一种思想性和艺术性兼具的艺术形式，成为对联，成为我国所特有的一种文体形式，体现了中华优秀传统文化与时俱进、生生不息的内在生命力。

《人民日报》2024 年 2 月 14 日第 5 版

基层中去、到实践中去、到人民中去，才能真正知道所学的知识如何去发挥、如何去为社会作贡献。或许，仍在求学阶段的大学生的力量相对有限，但切实感受家乡的发展变化和人才需求，能够在他们心中播下热爱家乡、服务家乡、建设家乡的种子。今天，青年人在实践中学真知、悟真谛，加强磨炼、增长本领；未来，他们将以真才实学服务人民，以创新创造贡献国家。

《人民日报》2024年2月15日第5版

最是坚守动人心。坚守成就不凡，创造精彩。

《人民日报》2024 年 2 月 16 日第 1 版

　　一个人最初的阅读，往往决定了其一生的精神框架、思维方法、看待问题的角度和认识世界与自我的方式。就如同睁开了另外一只眼睛，打开了一个全新的宇宙，蕴藏了无垠的时空、无尽的智慧和无穷的魅力。

《人民日报》2024 年 2 月 17 日第 8 版

坚持富有探索精神的学习，下一番苦功夫，在学习中创新，在总结经验中提高，方能练就过硬本领。

《人民日报》2024 年 2 月 18 日第 5 版

一年之计在于春。昂扬奋发的时代画卷里，"每一个平凡的人都作出了不平凡的贡献"。向着春天进发，朝着梦想奔跑，新的答卷正在书写。让我们以团结凝聚力量，以奋斗铸就伟业，众志成城同心干、撸起袖子加油干、久久为功扎实干，共同创造更美好的明天。

《人民日报》2024 年 2 月 19 日第 1 版

浪费粮食在任何时候都是可耻的。厉行节约、反对浪费，是富起来之后必须迈过的一道坎。我们挥手作别苦日子，但还需要继续过紧日子，让来之不易的粮食发挥最大效益，把有限资源更多用到发展经济和改善民生上来。从每个餐桌发力，从每个家庭做起，不弃微末、不舍寸功，形成全社会节约粮食的合力，14亿多人的饭碗定能越端越牢。

《人民日报》2024年2月20日第4版

　　闯出发展新路、成就不凡事业，需要鼓足一股劲、时刻在状态，撸起袖子加油干。新时代新征程，广大党员、干部始终保持"闯"的精神、"创"的劲头、"干"的作风，踔厉奋发、笃行不怠，倾情以赴之、全力以成之，就一定能不断打开工作新局面，更好推动发展、造福人民。

《人民日报》2024 年 2 月 21 日第 5 版

一次浪费看似微小，铢积寸累就是触目惊心的数量。一个习惯得不到纠正，经年累月就会成为顽瘴痼疾。反对粮食浪费，正因为不可能毕其功于一役，所以更需要长期坚持、久久为功。

《人民日报》2024 年 2 月 22 日第 4 版

　　"谁知盘中餐，粒粒皆辛苦。"面对粮食和其他各类食物，我们不仅要食其滋味，更要念其根源、知其不易。生活越来越好，但节俭好习惯不能丢，低碳生活新风尚要弘扬。"舌尖上的节约"，尊重的是劳动果实，折射的是中华民族传统美德，彰显的是新时代的价值追求和文明风尚。全社会要继续营造节约粮食光荣、浪费粮食可耻的浓厚氛围，每个人都应争当文明风尚的践行者、推动者，从"要我节约"变为"我要节约"，从点滴做起、从现在做起，让勤俭节约内化于心、外化于行，努力做到"取之有度，用之有节"。

《人民日报》2024 年 2 月 23 日第 4 版

春节最重要的一部分，恰恰就是这种关于家的味道、关于食物的情感温度。这些都是个人化的记忆。当一个人离开自己熟悉的生活环境，离开自己的家庭，到了陌生的地方，也许才会理解所谓的故乡不仅仅意味着熟悉的人群，也不仅仅意味着熟悉的景物。熟悉的味觉习惯，显然也是故乡重要的组成部分。

《人民日报》2024 年 2 月 24 日第 8 版

　　炼强制造业筋骨，锻造"国之重器"，破解"卡脖子"难题，为加快建设制造强国不断谋势、蓄势、聚势，新征程上，神州大地气象万千，亿万人民奋勇争先。

《人民日报》2024年2月25日第1版

一寸光阴一寸金。在广袤田野、在建设工地、在创业平台、在实验站房，人们正用不懈奋斗、担当作为回馈时光、不负梦想。岗位上精准利用好每一分每一秒时间，才能够创造出更多推动经济社会发展进步的宝贵财富。历史证明，惟奋斗才能不负时间，惟实干才是把握历史主动的方法。

《人民日报》2024 年 2 月 26 日第 4 版

中国共产党就是给人民办事的，就是要让人民的生活一天天好起来，一年比一年过得好。"切实把好事办好、实事办实、难事办妥"，朴实的话语，昭示着深刻的道理：把老百姓关心的事一件件办好，是共产党人的共同心愿。要完成这个心愿，不仅靠党性、靠作风，还靠能力。

《人民日报》2024年2月27日第4版

历览前贤国与家，成由勤俭败由奢。勤俭节约是中华民族的传统美德。"俭，德之共也；侈，恶之大也""克勤于邦，克俭于家""静以修身，俭以养德"，这些古语都是在告诫人们要力戒奢侈浪费，坚持勤俭节约，养成不贪图安逸、向上奋进的品格。勤俭节约不仅关系个人修养，也关系一个国家、一个民族的发展兴衰。怎样对待节俭和浪费，反映着一个国家和民族的价值观念和文明程度，也昭示着这个国家和民族的发展前景。勤俭节约、艰苦奋斗是兴旺发达的前提，而骄奢淫逸、攀比浪费则往往是堕落衰败的开端。勤俭节约是国家长治久安的重要精神支撑，是关系党和人民事业兴衰成败的大事。

《人民日报》2024 年 2 月 28 日第 9 版

沉下心来抓好落实，是基层干部的真本领、硬功夫。唯有担当作为、真抓实干，才能确保政策落地落实落到位。

《人民日报》2024年2月29日第7版

MARCH

三月

　　"狭路相逢勇者胜"，与困难角力、与阻力对垒，只有坚定必胜信心、激扬奋进伟力，克服一切不利条件去争取胜利，才能踏平坎坷、筑就坦途。奋进新征程，处在前所未有的变革时代，干着前无古人的伟大事业，我们不知还要爬多少坡、过多少坎、经历多少风风雨雨、克服多少艰难险阻。面对"一山放出一山拦"，尤须保持"咬定青山不放松"的定力，鼓足"越是艰险越向前"的精气神，以生龙活虎、龙腾虎跃的干劲，把宏伟蓝图一步步变成美好现实，才能迎来"轻舟已过万重山"的境界。

《人民日报》2024 年 3 月 1 日第 6 版

奋斗最美，万事奋斗以成。今天，我们正在以中国式现代化全面推进强国建设、民族复兴伟业，这是新时代最大的政治。征途漫漫，惟有奋斗。越是面临困难挑战，越要紧紧依靠人民，充分激发全体人民的历史主动精神，汇聚蕴藏在人民群众中的无穷智慧和力量。

《人民日报》2024 年 3 月 2 日第 4 版

青春，人生中最美好的时光，也是最宝贵的财富。在这个年龄段，青年充满了无限的希望和憧憬，有着无比的激情和勇气，拥有着无限的可能性。跑好实现中国梦的历史接力赛，在新时代广阔天地中建功立业，需要广大青年永葆朝气蓬勃的精神风貌，勇于拓宽人生的赛道，让青春拥有更多可能，勇做走在时代前列的奋进者、开拓者、奉献者。

《人民日报》2024年3月3日第5版

沿着中国式现代化这条康庄大道奋勇前进，我们深知前途一片光明，但脚下的路不会是一马平川，必然会遇到各种可以预料和难以预料的风险挑战、艰难险阻甚至惊涛骇浪。发挥中国共产党领导的政治优势和中国特色社会主义的制度优势，调动一切可以调动的积极因素，团结一切可以团结的力量，心往一处想、劲往一处使，才能胜利推进强国建设、民族复兴的历史伟业。

《人民日报》2024年3月4日第1版

消费环节事关每一个人，不仅事关节约粮食，还事关人们身体健康。我们要传承和弘扬艰苦奋斗、勤俭节约的优良传统，从每一餐饭、每一次餐饮活动做起，积极做好粮食节约工作，坚决制止餐饮浪费，杜绝饮食中的不文明行为，既实现个人健康文明，又合力形成倡导节约、绿色低碳、文明健康的社会"大文明"。

《人民日报》2024年3月5日第17版

大道至简，实干为要。继续做好创新这篇大文章，因地制宜推动新质生产力发展，中国发展必将长风破浪、未来可期。

《人民日报》2024年3月6日第2版

干事创业，需要保持良好的状态。立足本职工作，激扬"闯"的精神、"创"的劲头、"干"的作风，坚持不懈、久久为功，必将创造更加美好的未来。

《人民日报》2024年3月7日第13版

妇女是物质文明和精神文明的创造者，是推动社会发展和进步的重要力量。中华大地上，广大妇女勇毅担当，在科技前沿不懈攀登，助力"中国制造"向"中国智造"迈进；在三尺讲台默默坚守，展现"只为桃李竞相开"的无私追求；在希望的田野上辛勤耕耘，以青春和汗水绘就宜居宜业和美乡村新画卷；在竞技赛场敢打敢拼，让国歌一遍遍奏响、国旗一次次升起……新时代新征程，铿锵玫瑰尽情绽放，亿万妇女争做伟大事业的建设者、文明风尚的倡导者、敢于追梦的奋斗者。

《人民日报》2024年3月8日第4版

　　牢牢把握高质量发展这个首要任务，因地制宜发展新质生产力，奋力推进中国式现代化的生动图景正在神州大地上铺展开来。

《人民日报》2024年3月9日第1版

保持"时时放心不下"的责任感，增强"事事心中有底"的行动力，千方百计增进民生福祉，就一定能团结带领广大群众不断创造有劲头、有盼头、有奔头的美好生活。

《人民日报》2024年3月10日第4版

新时代大舞台，技能人才发展机遇无限。切削零件能享受国务院特殊津贴，砌墙能代表国家参加国际大赛，继电保护做精了也可取得多项国家专利。让学技能有学头、有盼头、更有奔头，支持劳动者在本行业本领域担大任、干大事、成大器、立大功，培养造就更多大国工匠，高质量发展就有了澎湃动能和坚实依托。

《人民日报》2024 年 3 月 11 日第 2 版

党的作风是党的形象，是观察党群干群关系、人心向背的晴雨表。新征程上，只要我们以钉钉子精神继续打好作风建设攻坚战、持久战，狠刹歪风邪气、涵养新风正气，定能让党心民心更加凝聚，以作风的持续向好转变，抓好党中央决策部署和各项任务的贯彻落实，从而更好推动发展、造福人民。

《人民日报》2024 年 3 月 12 日第 19 版

看生产一线，车间开足马力，工人干劲充足，一派繁忙景象；看外贸前沿，船舶千帆竞发，班列川流不息，开年实现良好开局；看政府机关，"小钱小气，大钱大方"，集中财力办大事……坚定信心、真抓实干，抓住一切有利时机，利用一切有利条件，看准了就抓紧干，激发全党全社会创造活力，高质量发展就有了源源不断的内生动力。

《人民日报》2024 年 3 月 13 日第 4 版

坚定不移走生态优先、绿色发展之路，持续推进生态文明建设，以高水平保护支撑高质量发展，必能不断激发新质生产力，实现人与自然和谐共生的现代化发展。

《人民日报》2024年3月14日第5版

创新不是"独角戏",而是"大合唱",开放为创新提供了重要基础。只有扩大高水平对外开放,才能为发展新质生产力营造良好国际环境。

《人民日报》2024年3月15日第5版

我们为幸福歌唱。朝前走，阳光正好。

《人民日报》2024 年 3 月 16 日第 8 版

文化交流、文明互鉴是人类历史的常态，通过交流互鉴取长补短，是推动人类文明发展进步的重要途径。历史证明，那些以开放的姿态、包容的胸怀热情拥抱和吸收不同文化不同文明的国家，会获得持久的发展活力，创造辉煌的历史。中华民族是一个既善于吸收借鉴，也善于创新创造的民族，在继承弘扬传统文化时能推陈出新，在吸收消化外来文化时能别开生面，从而为中华文明绵延发展提供了不竭的动力。

《人民日报》2024 年 3 月 17 日第 7 版

"历览前贤国与家，成由勤俭败由奢。"艰苦奋斗、勤俭节约是中华民族的传统美德，也是我们党的优良传统。粒米虽小，照见文明修养；节约事微，可助兴国安邦。把好传统带进新征程、将好作风弘扬在新时代，赓续艰苦奋斗、勤俭节约的精神，就能为推进中国式现代化注入强大精神力量。

《人民日报》2024年3月18日第5版

当好坚定行动派、实干家，需强化精准思维，扑下身子当好"施工队长"，以工匠精神练就绣花功夫，精细施策、精准发力，把各项工作做扎实、做到位。干一行、爱一行，专一行、精一行。

《人民日报》2024 年 3 月 19 日第 19 版

切实把历史文物、历史风貌、文化遗产保护好，才能更好延续民族文化血脉，汲取奋进力量。

《人民日报》2024 年 3 月 20 日第 5 版

人的认识活动和实践活动，是不断认识矛盾、解决矛盾的过程。"实际"是具体的而不是抽象的。具体分析事物的矛盾及其在各个发展阶段上的特殊性，善于分析具体事物的各个方面、各个规定，形成对客观事物全面而深刻的把握，就是为了找出正确解决矛盾的方法，进而更有效地改造客观世界。

《人民日报》2024 年 3 月 21 日第 9 版

我们要坚守中华文化立场，提炼展示中华文明的精神标识和文化精髓，讲好中国故事，融通中外、贯通古今，让世界更好认识新时代的中国。

《人民日报》2024 年 3 月 22 日第 9 版

　　形式主义、官僚主义之弊非一日之寒，从根子上减轻基层负担也非一日之功。病根未除、土壤还在，就要马不离鞍、缰不松手。

《人民日报》2024 年 3 月 23 日第 2 版

把实践作为最好的老师，把社会作为最好的课堂，知行合一，才能成长为堪当大任的优秀人才。

《人民日报》2024 年 3 月 24 日第 5 版

　　一座刚睡醒的山，孕育着无限希望，拥有着无穷的能量。行走在春山上，明明四周无人，却能听到无数回响，乍听细密些微，细听轰轰烈烈。这是春山热情的回应，亦是季节华丽的转身。春山精神抖擞，充满生机和活力，山里人亦斗志昂扬，做好了准备要在大好的时节里奋力耕耘。

《人民日报》2024 年 3 月 25 日第 20 版

一棵树虽然渺小，千万棵树聚起来就是一片森林，蕴藏巨大生态价值、经济价值。一个人的力量或许有限，14 亿多人共同努力，就能为守护绿水青山汇聚起磅礴力量。

《人民日报》2024 年 3 月 26 日第 5 版

文化是一个城市最独特的标识、最动情的表达。无论是活化利用古建筑，还是创新融入商圈，抑或是改造原有演出场所，演艺新空间盘活了城市既有资源，让优质的文化内容充实城市生活。各种文化新场景、新业态的不断涌现，也在丰厚着城市的人文气质，赋予城市独特魅力。

《人民日报》2024 年 3 月 27 日第 5 版

秉持平等、互鉴、对话、包容的文明观，提出并践行全球文明倡议，中国同世界不同地区的人文交流不断丰富，中外伙伴在交流中相知相惜，拉近了彼此的心灵距离。

《人民日报》2024年3月28日第1版

干事担事，是干部的职责所在，也是价值所在。"愿挑最重的担子、能啃最硬的骨头、善接烫手的山芋"，"愿"字说的是决心，"能"字说的是本领，"善"字说的是方法，指明的是干事创业的认识论和方法论。不论在哪个岗位、担任什么职务，年轻干部都必须增强为党和人民担苦担难担重担险的思想自觉和行动自觉，在急难险重的任务中扛重活、打硬仗，到基层一线经风雨、见世面，在摸爬滚打中磨出一副宽肩膀、铁肩膀，在层层历练中强壮筋骨，成长为可堪大用、能担重任的栋梁之才。

《人民日报》2024年3月29日第4版

要厚植爱党报国的情怀，时刻胸怀"国之大者"，想国家之所想、急国家之所急，在报效祖国、服务人民中实现人生价值。

《人民日报》2024年3月30日第4版

不管岁月如何变迁，每个时代都需要自己的榜样。年轻干部应当把崇尚榜样当成一种时尚，以榜样为航标灯，青春就不迷茫，脚下就有力量，在危急时刻能够挺身而出，在老百姓最需要的时候能够冲锋在前。

《人民日报》2024年3月31日第5版

APRIL

四月

苏东坡说："渐觉东风料峭寒，青蒿黄韭试春盘。"他还说："雪沫乳花浮午盏，蓼茸蒿笋试春盘。"春天刚刚开始，万物渐渐萌发，所以诗人反复说"试"。能够诱惑你去"试"的事物一定是充满魔力的。你看，这一盘里，全是精华：新泥的肥力、春水的绵柔、暖风的友好，更有春阳的暖意，从舌尖游走到胃里，让从寒冬里熬过来的我们通体舒泰。这盘菜，让人品出了山河明丽，岁月静好。

《人民日报》2024年4月1日第20版

必须牢固树立和践行正确政绩观，坚决纠治工作重"形"不重"效"、重"痕"不重"绩"的错误倾向，既要做看得见的显绩、显功，更要做打基础、利长远和有利于全局改善、整体提升的潜绩、潜功。

《人民日报》2024 年 4 月 2 日第 4 版

久久为功与只争朝夕，相辅相成、相得益彰：坚持久久为功，方能避免心浮气躁、急功近利；强调只争朝夕，才能摒弃"等靠要"等躺平心态。既重方略也重行动，既讲耐心也讲效率，既有方向感也有紧迫感，各项工作就能不断取得新进展。

《人民日报》2024年4月3日第4版

一棵棵树，一片片林，记录着山川大地的绿化，也见证了新时代生态文明建设的硕果。美丽中国增绿添彩，万里河山多姿多彩，背后是"种出属于大家的绿水青山和金山银山"的追求，更是"为子孙后代留下山清水秀的生态空间"的担当。推动全民义务植树不断走深走实，人人争当绿色使者、生态先锋，一起来为祖国大地绿起来、美起来尽一份力量，就一定能绘出美丽中国的更新画卷。

《人民日报》2024 年 4 月 4 日第 1 版

植树造林是一项功在当代、利在千秋的崇高事业。新征程上，聚沙成塔、集腋成裘，人人争当绿色使者、生态先锋，为建设美丽中国增绿添彩，就一定能共同谱写人与自然和谐共生的中国式现代化新篇章，续写"当惊世界殊"的绿色奇迹。

《人民日报》2024 年 4 月 5 日第 2 版

英烈的故事，气壮山河；英烈的精神，长存世间。巍巍青山见证丰功伟绩，苍苍松柏寄托无尽哀思，广大干部群众在崇尚英烈、缅怀英烈、学习英烈、捍卫英烈、关爱烈属的氛围中展现进取风貌，凝聚奋进力量。

《人民日报》2024年4月6日第1版

实践出真知，优秀的品质要在行动中培养、在行动中诠释。

《人民日报》2024年4月7日第5版

相亲相爱的家庭关系是促进社会和谐稳定的有效途径，是推动社会健康发展的重要基础。这就要求我们积极传播中华民族传统美德，传递尊老爱幼、男女平等、夫妻和睦、勤俭持家、邻里团结的观念。建设相亲相爱的家庭关系，就要注重平等和互助。平等就是要尊重每个家庭成员的人格，倡导夫妻之间、长幼之间相互尊重、互相倾听、平等协商。互助就是在家庭成员碰到困难时，其他成员积极提供帮助，齐心协力解决问题，共同承担生活负担，营造温馨家庭环境。

《人民日报》2024年4月8日第9版

共产党人干事创业，图的是造福百姓，为的是家国兴旺。无论任何时候，无论面临什么样的风险挑战，不忘初心、牢记使命，对党忠诚、造福百姓，都应该是党员干部一以贯之的政治本色。

《人民日报》2024年4月9日第19版

顶天立地，播撒"绿荫"。把自己当作一棵树，扎根于泥土，不仅仅为了汲取营养、壮大自己，更要撑起一片绿荫，为群众遮风挡雨。我们的目标很宏伟，也很朴素，归根到底就是让老百姓过上更好的日子。牢牢植根人民，树立正确政绩观，尽心竭力为百姓谋福祉，才能以实绩赢得群众的口碑与信任，也才能获得源源不断的精神滋养，迸发勇毅前行的不竭动力。

《人民日报》2024年4月10日第4版

一分耕耘，一分收获。实践要取得实效，离不开苦干实干。干部下到基层后，经验不会自动生成，本领不会从天而降，只有把功夫下到了，才能有所悟、有所得。怀着真心，葆有真情，深入到基层之中，以主动作为解难题，以实干担当促发展，广大干部一定能在基层的广阔天地中，练好内功、提升修养、增强本领，成就更加精彩的事业。

《人民日报》2024 年 4 月 11 日第 4 版

行胜于言，行动是最好的宣言书，实干是最质朴的方法论。

《人民日报》2024 年 4 月 12 日第 5 版

工作再多，也都要从田野做起，而且一直都不能离开田野。学术无论巨细，都要做到精到深通。

《人民日报》2024年4月13日第5版

年轻人处于事业的成长期，难免会遭遇在一段时期内坐冷板凳的状况。有的人能够泰然处之，耐得住寂寞、忍得了冷清、沉得下心境，把冷板凳坐得有温度、有宽度、有高度；有的人则不愿、不敢、不屑坐冷板凳，吃不得苦，受不得累，只想做看得见、摸得着的事，不愿做打基础、利长远的事，在拈轻怕重中蹉跎岁月。

《人民日报》2024 年 4 月 14 日第 5 版

有时候，不徜徉于一时一地的风景，就是因为有顶峰的无限风光在召唤。这也启示人们，外部环境、个人能力等因素固然重要，但关键还在于有没有高远的目标。目标的感召力和吸引力，会让人坚定自信、追求卓越，坚持不懈向高峰攀登，最终"一览众山小"。

《人民日报》2024年4月15日第4版

既引才聚才，又真诚关心人才、爱护人才、成就人才，加强全链条服务保障，就能让各类人才在时代舞台上各尽其才、大显身手。

《人民日报》2024 年 4 月 16 日第 5 版

只有不断加强理论学习、夯实理论功底，才能更好从党的创新理论中悟规律、明方向、学方法、增智慧，克服本领恐慌、补齐本领短板，自觉用马克思主义理论观察新形势、研究新情况、解决新问题，使各项工作朝着正确方向、按照客观规律推进。

《人民日报》2024年4月17日第9版

年轻干部要顺应中国式现代化事业发展新要求，把崇尚实干、埋头苦干作为对党忠诚老实的一份承诺，作为爱党、忧党、兴党、护党的一种责任，树立和践行正确政绩观，以"俯首甘为孺子牛"的执着奉献真抓实干，当好中国式现代化建设的坚定行动派、实干家，以实际行动诠释对党忠诚老实。

《人民日报》2024年4月18日第9版

图书馆是国家经典的宝库，是图书、知识与文化文明的天堂，是历史的光照，是民族的尊严与荣耀，是文化的慎终追远与百世流芳。在一座座国家的、地方的、城市的、乡村的、公共的、私人的图书馆面前，我们将更有信心地面对人类的各种过失与错讹、危难与挑战，我们会增强对于人类历史与文明的信念。

《人民日报》2024 年 4 月 19 日第 20 版

立足当下，着力攻克关键核心技术"卡脖子"难题，解决产业链供应链受制于人问题；面向未来，着力加速未来科技突破、构筑未来产业先发优势，下好发展新质生产力"先手棋"。

《人民日报》2024年4月20日第1版

一个爱书、藏书、读书蔚然成风的民族，一定是充满希望、充满力量的伟大民族。

《人民日报》2024 年 4 月 21 日第 7 版

心中装着百姓，我们之所以信心十足、力量十足，正在于"理论一经掌握群众，也会变成物质力量"的甜头，也在于"依靠学习走向未来"的甜头。

《人民日报》2024 年 4 月 22 日第 4 版

　　现代社会，生活节奏加快，一些人感叹"没有时间读书"，一些人习惯于浅阅读、碎片化阅读，对大部头、经典著作等望而却步。我国古人把读书称为"攻书"，蕴含的正是"钻深研透"的方法。毛泽东同志曾生动比喻："忙可以'挤'，这是个办法；看不懂也有一个办法，叫做'钻'，如木匠钻木头一样地'钻'进去……非把这东西搞通不止"。读书需要付出辛劳，不能心浮气躁、浅尝辄止，利用好点滴时间，拿出"攻书到底"的劲头，坚持不懈、悉心钻研，读懂弄通吃透，才能让书本知识真正为我所有。

《人民日报》2024 年 4 月 23 日第 4 版

只有把遵规守纪刻印于心，内化为心中守则，养成在受监督和约束的环境中工作生活的习惯，才能"从心所欲不逾矩"，获得真正的自由。

《人民日报》2024 年 4 月 24 日第 6 版

担当是一种责任、一种精神、一种情怀，需要无我的境界、无私的品格。一切难题，只有在担当作为中才能破解。敢于担当者，不是坐而论道的清谈客，而是起而行之的实干家，平常时候看得出来、关键时刻站得出来、危急关头豁得出来；有心怀"国之大者"的高瞻远瞩、"多打大算盘、算大账"的战略眼光、"时时放心不下"的责任感，始终为人民谋利、为全局添彩。

《人民日报》2024年4月25日第9版

清正廉洁是我们党的政治本色，廉洁凝聚人心，腐败背离民意。只有坚持权为民所用、情为民所系、利为民所谋，才能获得最广泛、最可靠、最牢固的群众基础和力量源泉。

《人民日报》2024 年 4 月 26 日第 9 版

发展和民生相互牵动、互为条件。发展是为了民生，民生又连着内需、连着发展，惠民生也是抓经济、促发展。

《人民日报》2024年4月27日第4版

"人生在勤，勤则不匮。"农耕文明孕育的勤劳质朴、崇礼亲仁的品格，已化为代代传承的文化基因，融入民族血脉。

《人民日报》2024 年 4 月 28 日第 8 版

工欲善其事，必先利其器。这里的"器"，不仅是工具，也是方法。找对方法，提升效率；方法失当，效率低下。

《人民日报》2024年4月29日第4版

一勤天下无难事。今天，无论是打通束缚新质生产力发展的堵点卡点，还是解决群众急难愁盼问题，都需要有那么一股子干劲、闯劲、钻劲。当好中国式现代化建设的坚定行动派、实干家，撸起袖子加油干，就一定能在时代洪流中留下无悔的奋斗足迹，创造出不负历史和人民的业绩。

《人民日报》2024 年 4 月 30 日第 4 版

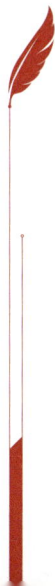

MAY

五月

新时代，大舞台。掌握一技之长，淬炼精湛技艺，发扬工匠精神，坚持技能报国，广大劳动者在平凡岗位上建功立业，实现人生出彩，在中国式现代化建设的伟大实践中，不断创造辉煌业绩。

《人民日报》2024年5月1日第1版

无论时代条件如何变化，奋斗的底色不变，崇尚劳动、尊重劳动者的价值追求不变。大力弘扬劳模精神、劳动精神、工匠精神，让全体人民进一步焕发劳动热情、释放创造潜能，在辛勤劳动、诚实劳动、创造性劳动中成就梦想，就一定能扎实推进中国式现代化，凝聚起强国建设、民族复兴的磅礴力量。

《人民日报》2024 年 5 月 2 日第 1 版

唯有在大千世界里寻找前进的方向，在重重困难面前坚韧不拔，在千变万化中坚持内心的热爱，才能成就闪光的青春。

《人民日报》2024年5月3日第7版

"人生万事须自为，跬步江山即寥廓。"生逢其时、重任在肩，新时代中国青年要矢志创新创造，有敢为人先的锐气，有上下求索的执著，努力在改革开放中闯新路、创新业，在科技创新中挑大梁、当主角，让青春在创新创造中闪光；要勇于砥砺奋斗，做走在时代前列的奋进者、开拓者、奉献者，让青春在实现民族复兴的赛道上奋勇争先；要坚持知行合一，注重在实践中学真知、悟真谛，在经风雨、见世面中长才干、壮筋骨，练就担当作为的硬脊梁、铁肩膀、真本事，让青春在党和人民最需要的地方绽放绚丽之花。

《人民日报》2024 年 5 月 4 日第 1 版

　　无数劳动者坚守岗位、甘于奉献，服务千家万户，守护平安幸福。劳动的荣光分外耀眼，奋斗的强音激荡人心。

《人民日报》2024 年 5 月 5 日第 5 版

中国式现代化开辟的是人类迈向现代化的新道路，是一项前无古人的开创性事业。使命光荣、任务艰巨，需要一代又一代中国青年拼搏奋斗。广大青年要继续用青春之我创造青春之中国、青春之民族，在广阔的舞台上施展才干，在担当使命中历练成长，为中国式现代化注入强大动力。

《人民日报》2024年5月6日第9版

抓一件成一件，考验干事能力本领，要真正掌握研究问题、解决问题的"总钥匙"。干事创业难免会遇到一些困难挑战。推进乡村全面振兴，目标任务很重，而基层的人、财、物等资源是有限的，如何增强系统观念，合理统筹、破解难题？为此，广大党员、干部应当坚持不懈向书本学、向实践学、向群众学，特别是要坚持从党的创新理论中悟规律、明方向、学方法、增智慧，把思想方法搞对头，把看家本领学到手。

《人民日报》2024年5月7日第19版

有的人勇于搏击风浪、志在山巅顶峰，他们挑战生命的极限、探索人生的边界，让我们看到勇气、毅力、创造所孕育的精彩绚烂；有的人坚守一方天地，或许一辈子默默无闻，但他们用心生活、努力坚韧的身影，让我们看到温暖、迷人的人间烟火。无论是前者还是后者，他们都书写着独一无二的人生，传递着生命或蓬勃向上或静水流深的力量，共同构成了我们民族精神最深厚最广袤的底座。而我们每一个人，都能从这种精神中获取奔赴热爱、勇敢生活的"治愈时刻"。

《人民日报》2024 年 5 月 8 日第 10 版

"尖兵"是干事创业的先锋者，是勇往直前的奋进者，是不畏艰难的搏击者。新时代新征程，推进中国式现代化这一伟大而艰巨的事业，需要一大批尖兵奋勇争先、实干苦干。党员、干部要时刻葆有只争朝夕的紧迫感、不进则退的危机感、"时时放心不下"的责任感，增强干事创业的智慧本领，激发争当事业尖兵的精神力量。

《人民日报》2024年5月9日第9版

历史是最好的老师。作为我们党艰辛而辉煌奋斗历程的见证，红色资源是最宝贵的精神财富，蕴藏着丰富的育人素材和价值。红色文物可以穿越时空与今人对话。一座座革命纪念馆、烈士陵园里，保存珍藏着一段段波澜壮阔的红色历史、一个个震撼心灵的故事。深入挖掘并发挥好红色资源的铸魂育人功能，让革命文物"开口说话"、浸润人心，增强"大思政课"的感染力，有助于引导青少年扣好人生第一粒扣子，激发他们的爱国热情和奋斗豪情。

《人民日报》2024 年 5 月 10 日第 10 版

好奇心是人类的宝贵天性之一。教育家杜威说，好奇心的终极阶段是变成一股能强化个人与世界联系的力量，这种力量能持续为我们的个人经历增加趣味性、挑战性和兴奋感。人类怀着强烈的好奇心，几千年来持续探索种种奥秘，获取无量知识，才不断提升能力，成为"万物之灵长"。

《人民日报》2024 年 5 月 11 日第 8 版

穿衣、吃饭，人类生活的两大要事。服饰既是人类基本生活要素，凝聚着劳动人民的匠心与创造力，也是一定时期物质文明与精神文明的综合反映。几千年来，中华民族以自己的智慧和技艺，在生产实践和社会生活中创造了辉煌灿烂、独具特色的服饰文化，是华夏文明的重要组成部分，也是世界文化宝库中的一颗璀璨明珠。

《人民日报》2024 年 5 月 12 日第 7 版

与书为伴，人们能突破地理的局限与精神上的束缚，拓展人生的宽度，唤醒克服困难的勇气，获得内心的充盈与愉悦。

《人民日报》2024 年 5 月 13 日第 5 版

焦裕禄面对困难，一是不怕，二是顶着干。他认为，怨天尤人不可有，悲观丧气不足取，无所作为不能要。这种不怕困难、迎难而上的奋斗精神，彰显了对党的无限忠诚和对事业的责任担当。党员干部传承弘扬焦裕禄精神，就要学习他"敢教日月换新天""革命者要在困难面前逞英雄"的奋斗精神，始终保持敢做善成的勇气、逆势而上的豪气，鼓足干事创业的精气神。要变压力为动力，善于在挑战面前捕捉和把握发展机遇，善于在逆境中发现和培育有利因素，聚焦实际问题抓落实，久久为功、持之以恒，以"功成不必在我"的思想境界和"功成必定有我"的责任担当，在破解难题中不断打开工作新局面。

《人民日报》2024 年 5 月 14 日第 9 版

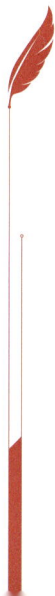

　　谦逊低调就要严以律己、宽以待人。这样做，会淡然面对自己的成绩、不贪功，热情点赞他人取得的成绩、不嫉妒；会在遭遇挫折时勇于反思自我、寻找问题症结，同时在他人遇到困难时真诚嘘寒问暖、及时伸出援手。也只有这样做，才会在心态上理性平和，在言辞上和风细雨，在行为上务实低调，从而真正赢得尊重。

《人民日报》2024 年 5 月 15 日第 4 版

文物是活着的历史，也是文化自信的底气。

《人民日报》2024 年 5 月 16 日第 1 版

金句每日读

我们虽然生活在一个信息大爆炸的时代，但每个人亲身体验与耳闻目见的事物是有限的。阅读书籍，如同上接千载、横穿寰球而与古今中外先贤相交，是增长见识、丰富知识、学习经验、汲取教训、充实自己的最佳途径。时代不同，但生老病死、情爱伦理、人际关系和思维方式等，千百年来却呈现出今古相交、纵贯相通的一面。前人思考问题、处理问题的方式和经验，对今天依然有启发意义。

《人民日报》2024 年 5 月 17 日第 20 版

博物馆能印证书本知识，更能提供书本上没有的体验。文献浩如烟海，诉说着文明的故事，我们可以靠阅读去获取。博物馆却是不同的话语体系，人们只要放飞想象力，便可以将一柄简单的手斧、一个古朴的陶罐、一枚温润的玉器和悠久的年代、遥远的情境结合起来。而正是这样的"阅读"，让人们与灿若星河的文化遗产产生真实的连接，收获心灵的感动，接受历经岁月沉淀的精神滋养。越来越多年轻人爱逛博物馆，就是被这使人思接千载的力量所吸引，由此唤醒对文化的认同、对世界的好奇，焕发对生活的热爱、对奋斗的信仰。

《人民日报》2024年5月18日第4版

无精神不足以发其新，追求卓越的过程，是爱党报国、无私奉献的崇高之路，是勇往直前、敢为人先的壮丽征途，是敢于承压、勇攀高峰的不凡之旅。

《人民日报》2024年5月19日第5版

越来越多的受众阅读在网上、在屏端，多样化、高品质的数字阅读需求激增，数字阅读与传统出版之间的融合趋势越来越强。推进书香社会建设，尤需适应新趋势新变化，找准工作的着力点和落脚点，读者在哪里，受众在哪里，阅读服务就要延伸到哪里。网络上的书香更浓一些、优质资源更富集一些，距离全民阅读的目标就更近一些。多一些书香，我们才能汲取更多智慧和成长营养。

《人民日报》2024 年 5 月 20 日第 4 版

定力，不是与生俱来的，而是在一次次思想淬炼、政治历练、实践锻炼中得以提升的。干事创业，难免遇到各种困难和挑战，我们应锚定目标、坚定立场、勇毅前行，做一个有志气、有骨气、有底气的人；也会遇到各种纷扰和诱惑，我们应沉得住气、静得下心，学会用平和、淡泊乃至敬畏之心对待名利和权位，用珍惜、感恩和进取之心对待组织和事业，做一个心灵干净、高尚纯粹的人。

《人民日报》2024 年 5 月 21 日第 19 版

生活处处充满阳光。关键在于，我们能否朝着阳光生长，传递温暖。或许不是顶天立地的英雄，或许没有惊天动地的壮举，或许缺乏惊心动魄的叙事……然而，正是在波澜不惊的生活里，在擦肩而过的际遇中，我们收获着一份份温暖和感动，汇聚成推动社会前进的精神力量。举手投足间的善意，都有可能成为温暖彼此、造福社会的契机。一段寻常而坚定的守候，一句温柔而暖心的话语，一个果敢而勇毅的举动，那是凡人微光、星火成炬的辉映，是用一束光照亮另一束光、用一片云簇拥另一片云的写照，是"伟大出自平凡，平凡造就伟大"的书写。看到光、萌生爱，平凡的人生也将熠熠生辉。

《人民日报》2024 年 5 月 22 日第 5 版

创新能力关乎小商品企业的生死存亡。许多小商品的生产制造，几乎没有什么技术壁垒，企业要想扛住市场风浪，必须在材质、造型等方面不断创新。先行一步、高出一筹，才有机会乘着创新的东风展翅高飞。

《人民日报》2024年5月23日第5版

数字化浪潮下，人们的阅读选择和生活方式更加多元。电子阅读灵活智慧，网络购书方便快捷，为什么仍有不少人愿意走进书店？

　　那种浸润于心的文化韵味与独特氛围，或许是重要原因。光线柔和、书架林立，漫步纸墨之间，仿佛能够屏蔽外界的喧嚷与嘈杂。看到倚墙而立的读者，听到偶尔翻页的沙沙声，时光悄然变慢，心灵也归于平静，一种难以言喻的满足感和获得感生发其间。对很多人来说，书店不仅仅是售书、购书的场所，更是快节奏生活中的精神港湾，它打开了人们的阅读视野，也承载着人们的情感体验。在这里，人们可以"诗意地栖居"，享受在生活罅隙中缓缓流淌着的美好时光。

《人民日报》2024 年 5 月 24 日第 5 版

博物馆不仅是文物的展示地，更是诠释文物意义和价值的场所，承载着社会教育的重要功能。

《人民日报》2024 年 5 月 25 日第 6 版

成才的意义不仅在于结果，更在于过程。人生没有所谓"白走的路"，路上的每一步都是对未来的铺垫。正如建一座大厦，每一块砖、每一粒沙都必不可少，唯有一砖一瓦用心建造，万丈高楼才会拔地而起。

《人民日报》2024 年 5 月 26 日第 5 版

做到自律，最紧要的是守住内心。纪律规矩就摆在那里，有的干部仍然我行我素、顶风违纪，说到底是没有敬畏之心。敬畏人民，就该明白群众的眼睛是雪亮的，就不敢做损害人民利益的事；敬畏权力，就要知道权力是把双刃剑，运用得好，能够更好地为人民服务，运用得不好，则会祸国殃民、害人害己；敬畏法纪，就要清楚对党规党纪多一分敬畏，就多一分清廉、多一分安全。所谓"畏则不敢肆而德以成，无畏则从其所欲而及于祸"，始终如临深渊、如履薄冰，人生的路才能免于灾祸，越走越宽。

《人民日报》2024 年 5 月 27 日第 4 版

纪律是党的生命线，亦是党员、干部的生命线。"履霜，坚冰至"，一切腐化、变质莫不先由心性堕落、欲望泛滥开始。贪心一动，信仰就开始动摇，底线就逐步失守。事成于惧而败于忽，时常念念脑子里的"紧箍咒"，不断拧紧守纪律的发条，就能防微杜渐、慎始慎终。从这个意义上讲，纪律是"紧箍咒"，更是"安全带"。党员、干部要多念"廉洁经"，培养"自觉的纪律"。

《人民日报》2024 年 5 月 28 日第 18 版

知者行之始，行者知之成。不在知行合一上下苦功夫、硬功夫、久功夫，不坚持时刻在实践里悟真知、修其心、治其身，不论过去是怎样的"钢筋铁骨"，也不能确保今后党性修养的始终如一。

《人民日报》2024 年 5 月 29 日第 9 版

领导干部无论处在什么岗位，都要立足当下、着眼全局，立足当前、着眼长远，自觉把本地区本部门的工作放在党和国家事业大局中、放在国内国际两个大局中去谋划统筹。要对"国之大者"心中有数，牢固树立全国一盘棋思想，学会放眼全局谋一域、把握大势谋大事，既为一域增光、又为全局添彩。

《人民日报》2024 年 5 月 30 日第 9 版

有人说，教育意味着一棵树摇动另一棵树，一朵云推动另一朵云。大到危难之际能否挺身而出，小到十字路口是否红灯停、绿灯行，那些耳濡目染中形成的行为模式、价值观念往往会伴随孩子一生。从这个意义上说，每个人都应当有师者的自觉，努力做到一言一行树形象、一举一动见文明，全社会协同育人，一起营造孩子成长的大课堂。

《人民日报》2024 年 5 月 31 日第 4 版

JUNE

六月

生活靠劳动创造，人生也靠劳动创造。

《人民日报》2024年6月1日第5版

孩子是家庭的希望，也是民族的希望，幸福快乐的童年离不开温柔呵护，精心"栽培"方可令"尖尖小荷"香远益清。

《人民日报》2024年6月2日第8版

廉字打底，勤字当头，是为官从政的基本坐标。自身正、自身净、自身硬，把干净和担当、勤政和廉政统一起来，才能挑重担子、啃硬骨头、接烫手山芋，创造性地完成工作。

《人民日报》2024年6月3日第4版

调查研究，是我们党的传家宝，是一代代中国共产党人从胜利走向胜利的谋事之基、成事之道。长期以来的实践充分证明，没有调查，就没有发言权，更没有决策权。研究问题、制定政策、推进工作，刻舟求剑不行，闭门造车不行，异想天开更不行，必须进行全面深入的调查研究。各级党组织和广大党员、干部要自觉用好这个传家宝，精准研判形势，全面掌握情况，制定务实举措，切实找准解决现实问题的药方子，蹚出推动高质量发展的好路子。

《人民日报》2024 年 6 月 4 日第 19 版

　　"天下事有难易乎？为之，则难者亦易矣；不为，则易者亦难矣。"无论难易，关键在干，要义在成。从易处着手，决不能浅尝辄止，一心"挑肥拣瘦"；向难处发力，也不能盲目蛮干，企望"毕其功于一役"。发扬脚踏实地、埋头苦干的精神，强化敢于斗争、善于斗争的担当，练就通盘考虑、统筹兼顾的本领，党员、干部方能更好驾驭复杂局面、处理复杂问题，在强国建设、民族复兴新征程上创佳绩、立新功。

《人民日报》2024 年 6 月 5 日第 4 版

汉语博大精深，不仅是语言交流的工具，更是中华文化的载体。说到江南，浮现在眼前的，大概率不是地理位置上的长江以南，而是烟雨朦胧、小桥流水；说到塞北，很难不想到大漠孤烟、长河落日。望月是思乡、折柳是送别、红豆即相思……薪火相传、绵延不绝的5000多年中华文明，为汉语注入了丰富内涵。有人说，汉字"横平竖直皆风骨，撇捺飞扬即血脉"。的确，提笔挥墨，一笔一画之间，写就的不仅是文字，更是深厚的文化积淀。

《人民日报》2024年6月6日第5版

基层工作好不好，关键看群众实际感受，要由群众来评判。造福人民的政绩观，要求我们突出效果导向，不断提高推动高质量发展的系统性、整体性、协同性，把惠民生、暖民心、顺民意的工作做到群众心坎上。不做表面文章，不耍花拳绣腿，把纠治形式主义摆在更加突出的位置，才能凝聚起担当作为、攻坚克难的磅礴力量。

《人民日报》2024年6月7日第5版

今天的生活是如此丰富精彩。无论是追星逐月的科技攻关，还是风里来雨里去的辛苦奔忙，抑或是现实生活中的一事一物，都蕴藏着盎然的诗意。"诗意"的获取，需要我们心存一份超越功利的追求，一种豁达的态度，一份别样的情致。"诗意"不是难得之物，是对懂得生活、创造生活的人的精神回馈，是日常里的惊喜，是平凡中的奇迹。

《人民日报》2024 年 6 月 8 日第 8 版

　　大道之行，天下为公。构建人类命运共同体理念植根于源远流长的中华文明，体现了中国共产党人高远宏大的世界观、秩序观、价值观，顺应了各国人民的普遍愿望，指明了世界文明进步的方向。从中国倡议扩大为国际共识，从美好愿景转化为丰富实践，从理念主张发展为科学体系，构建人类命运共同体成为引领时代前进的光辉旗帜。

《人民日报》2024年6月9日第3版

初夏的早晨，是一个清凉的、明亮的、有着旺盛生命力的世界。

《人民日报》2024 年 6 月 10 日第 8 版

团结、互助、友善的邻里美德，一向受到尊崇。邻里之间经常走动，互帮互助，越帮越亲；又因为情感相近、利益相连，常常能抱团发展，一起把日子过得更红火。

《人民日报》2024年6月11日第4版

加强纪律建设是全面从严治党的内在要求，也是全面从严治党的必然选择，确保全面从严治党有章可循、有纪可依，成为全面从严治党的治本之策。

《人民日报》2024 年 6 月 12 日第 9 版

辩证唯物主义认为，事物处于不断发展变化之中，变化是绝对的。人类社会发展也是如此，形势在变化，事业在发展，过去合理的做法现在可能已经不适应，以前长期有效的方法现在可能开始失灵。形势变化了，任务升级了，如果还是完全顺着既有的思维定势来行事，奉行主观主义、经验主义，习惯于用老思路、老办法来应对新情况新问题，工作往往就会碰钉子。面对新形势、新任务、新挑战，只有勇于打破思维定势，才能进一步全面深化改革，激发社会发展活力。

《人民日报》2024 年 6 月 13 日第 9 版

"犯其至难而图其至远"。长征路上的一座座高山、一条条大河，将士们用生命去跋涉；狂风终日、寸草不生的西北戈壁，科学家用青春去刻写；风沙漫天、十山九秃的山西右玉县，一代代人扎根沙海，"终见'善无'变善有，已将沙洲换绿洲"；披荆斩棘、栉风沐雨的扶贫之路，张小娟、黄文秀、曾翔翔们绽放芳华。实践告诉我们，把人生奋斗汇入时代洪流，练的是真功夫，成的是大境界。

《人民日报》2024 年 6 月 14 日第 5 版

"犬吠水声中，桃花带露浓。树深时见鹿，溪午不闻钟。"李白笔下的戴天山风景如画。如今来到戴天山，仍能寻见诗人当初所遇的美景。尤其是当花季到来时，漫山遍野的辛夷花次第绽放，在群山环抱中绵延数十里。行至半山腰，见暮霭炊烟，闻鸡鸣犬吠，游人至此，可听风枕雨，观山览月，不必特意寻找，便能与美景相逢。

《人民日报》2024 年 6 月 15 日第 7 版

城市，是人类文明的结晶，历史与现代在此交汇。每条街道、每座建筑、每块砖石，承载着深厚的文化底蕴，有的蕴含某个历史片段，有的见证城市更新，还有的寄托了无数人的记忆和情感。

《人民日报》2024 年 6 月 16 日第 7 版

守正才能不迷失方向、不犯颠覆性错误，创新才能把握时代、引领时代，只有坚持守正创新，才能准确把握"变"与"不变"、继承与发展、原则性与创造性之间的辩证统一关系，实现在守正中创新、在创新中发展。

《人民日报》2024年6月17日第9版

志愿服务是润物无声的爱心善举，也是社会文明进步的重要标志。爱的力量总能感染人，通过做好点滴小事为人们送去温暖、带来便利，有利于让"我为人人、人人为我"的理念蔚然成风，最终带动社会文明水平的整体提升。

《人民日报》2024 年 6 月 18 日第 5 版

推动非物质文化遗产与旅游深度融合发展对于扎实做好非物质文化遗产的系统性保护、促进旅游业高质量发展，更好满足人民日益增长的精神文化需求具有重要意义。要坚持以文塑旅、以旅彰文，推动非物质文化遗产与旅游在更广范围、更深层次、更高水平上融合，更好服务人民高品质生活。

《人民日报》2024年6月19日第19版

甘于吃苦耐劳，体现的是一种刚健自强、百折不挠的意志，是一种不惧困难、甘于奉献的精神，是青年成长成才的必经之路。青年人生阅历和社会经验相对不足，到更广阔的天地中去锻造历练，多经历一些挫折和考验，才能更好练就担当的宽肩膀、成事的真本领。广大青年要把吃苦作为磨炼自己的机遇、当作成就更好人生的选择，勇于到条件艰苦、环境复杂的岗位经受锻炼，在经历风吹浪打、接"烫手山芋"中磨炼意志、增长才干，锤炼担当作为的过硬本领。

《人民日报》2024 年 6 月 20 日第 9 版

在人类漫长的文明史上，不同的历史和国情、不同的民族和习俗，孕育了丰富多彩的文明，每一种文明都是人类文明的重要组成部分。中华文明具有的包容性，赋予中华文明吸收外来、绵延繁盛的生命力；中华文明具有的和平性，让中华文明在与世界其他文明平等交流中不断为人类文明发展进步贡献智慧与力量。

《人民日报》2024 年 6 月 21 日第 9 版

总有一些事物，会在时间潜藏的变化之中，散发出恒久的光芒。

《人民日报》2024 年 6 月 22 日第 8 版

从"世界那么大，我想去看看"，到如今喊出"回村吧！趁年轻"，越来越多的年轻人在家乡的一草一木中感受心灵的宁静，从熟悉的味道里追寻记忆中的美好……家乡成为越来越多人的"加油站"。这种对家乡的热爱、对故土的眷恋，源自每个人内心最朴实的情感，具有天然的向心力。在互联网和现实生活中，广大青年自发把对家乡的热爱转化为建设家乡的实际行动，让更多人了解、知晓自己的家乡，这种发自内心的自豪感，蕴含着蓬勃的生命力和无限的创造力。

《人民日报》2024 年 6 月 23 日第 5 版

把握有所为与有所不为，关键是站在什么角度看问题。只有站在国家的、全局的角度考虑自身发展定位，而非盯着脚下的、眼前的一亩三分地，才能找准发展方向。

《人民日报》2024 年 6 月 24 日第 4 版

没有规矩，不成方圆。新时代全面从严治党的生动实践证明，纪律严明是全党统一意志、统一行动、步调一致前进的重要保障。加强纪律建设，不仅不是发展的束缚，恰恰是事业发展的前提保证。党员干部在纪律上管住手脚，才能在事业上放开手脚。打个比方，纪律规矩就像道路上的红绿灯、标识标线，让行人、车辆清楚何时行、何时止，哪儿可以走，哪儿不能去，看似造成了限制，实则为了更安全有序的通行。倘若对纪律规矩不上心、不掌握、不了解，就容易把不住方向、踩不住刹车，发生事故，酿成悲剧，追悔莫及。

《人民日报》2024年6月25日第19版

党规党纪既是不能触碰的"高压线"，也是党员、干部干事创业、成长成才的"护身符"。党员、干部不是生活在真空中，要面对社会各方面复杂交织的利益和矛盾，也时常要面对披着形形色色外衣的"围猎"和诱惑。如果没有纪律意识和纪律自觉，就容易丧失底线、滑入深渊。只有把党规党纪刻印心间，用党规党纪给自己装上"防火墙""过滤网"，明确底线和边界，才能保持定力、抵御诱惑，才能正确立身做事，更好成长成才。

《人民日报》2024 年 6 月 26 日第 9 版

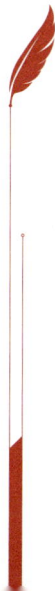

名校毕业生、高学历人才到基层去，算是埋没人才吗？并非如此。高学历人才投身自己的专业领域，是比较常见的情形。但这不意味着，每一个人才的成长路径都必然如此。时代舞台大，就在于有多元选择，而且每个选择都有广阔空间。有大学生毕业返乡创业深挖"土特产"，找准了路径，带动乡亲们共同致富。有人既做专业领域的科研，也积极拥抱新媒体，当科普类视频博主，给社会带来更大的贡献。只要是感兴趣、有热爱、能胜任，从事什么职业、去什么地方，并不影响一个人成长为有用之才。基层是人才成长的沃土，更是优秀人才脱颖而出的舞台。到基层去历练，有利于高素质人才的成长。

《人民日报》2024 年 6 月 27 日第 5 版

起于创新，成于实干，让"有形之手"与"无形之手"形成合力，定能呵护好一束束创新"微光"，汇聚成培育新质生产力的耀眼"霞光"。

《人民日报》2024年6月28日第5版

  人的一生，大概总会受到河流的启发。在外多年，我感受过黄河的波涛，体会过黄浦江的诗意，领略过钱塘江的潮涨潮落。如今，重新站在甘渭河畔，看着它焕然一新，看着河水流淌孜孜不倦，我的心充盈着如水流暗涌的悸动。我知道，那是被时光淘洗过的醇厚悠远的思念。

《人民日报》2024 年 6 月 29 日第 8 版

以文化人，更能凝结心灵；以艺通心，更易沟通世界。

《人民日报》2024 年 6 月 30 日第 7 版

人民日报 金句每日读

JULY

七月

永葆初心，要勇于担当实干。"道虽迩，不行不至；事虽小，不为不成"，行动才能践行承诺，实干才能守住誓言。广大党员、干部要发扬脚踏实地的工作作风，扑下身子，真抓实干。

《人民日报》2024年7月1日第10版

保护传承不是要将文化遗产束之高阁，而是要推动保护和利用相得益彰，让文化遗产在赓续传承中弘扬光大，在经济社会发展和人民生活改善中发挥更大作用。

《人民日报》2024 年 7 月 2 日第 4 版

坚持守正创新，把该改的、能改的改好、改到位，在解决实践问题中深化理论创新、推进制度创新，就能释放改革的动能和活力。新征程上，我们要以"犯其至难而图其至远"的胆识勇气，以事不避难、义不逃责的责任担当，以看准了就坚定不移抓的坚定执着，把全面深化改革一步步向前推进，以破与立的变革之力推动中国式现代化披荆斩棘、行稳致远。

《人民日报》2024 年 7 月 3 日第 9 版

巍巍长城，不仅是宏伟壮丽的建筑奇迹，更是传承与弘扬中华文化的重要载体，见证着中华民族波澜壮阔、灿烂辉煌的悠久历史。从烽火台等历史遗存，到独具特色的建筑风格，再到口口相传的民间传说……长城沿线的宝贵历史文化资源，饱含着丰厚的精神滋养，激荡着跨越时空的智慧和力量。

《人民日报》2024 年 7 月 4 日第 8 版

深度阅读一本优质读物，能够让读者自觉揣摩知识点背后的思想内涵和思维逻辑，从中汲取看待和分析问题的智慧，增强解决问题的本领，同时也有助于养成良好的心态。例如，多用一些时间静心阅读优质历史读物，能够让人在面对暂时的困难和挫折时强化历史思维能力，自觉运用历史眼光认识发展规律、把握前进方向、推进实际工作。阅读优质哲学读物，能够让人在面对矛盾和问题时自觉强化辩证思维能力，在对立中把握统一、在统一中把握对立，避免产生极端化、片面化认识和行为。

《人民日报》2024 年 7 月 5 日第 9 版

因时而食，是古人的智慧，也是城市人连通自然的一种方式。庭种枇杷树，得其荫；赏"金丸"，得其美；啖枇杷，得其味。这样的生活，不负时令，也不负自然的馈赠。

《人民日报》2024 年 7 月 6 日第 7 版

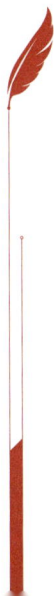

常言道，台上十分钟，台下十年功。一项项不凡成绩的取得，靠的是持之以恒的付出。从体育健儿在训练场上咬紧牙关再多坚持一会儿，到大国工匠甘坐冷板凳下绣花功夫提升技艺水平，再到科研人员以"十年磨一剑"的精神不懈探索、厚积薄发，着力破解"卡脖子"技术难题，坚持是获得成功的重要因素，是对梦想最好的诠释。

《人民日报》2024 年 7 月 7 日第 5 版

改革千头万绪，归根到底就是一个"人"字。以人民利益为旨归，改革的科学性才有支撑，落实的有效性才有保障。

《人民日报》2024年7月8日第5版

抓落实，贵在"坚定不移"。看准了的事，就应当义无反顾地干。这是百折不挠的决心，也是久久为功的耐心。

《人民日报》2024年7月9日第19版

文明因交流而多彩、因互鉴而丰富，旅游是不同国家、不同文化交流互鉴的重要渠道。今天的中国，景宜人，路畅通，城繁华，村和美，走到哪里都能遇到友好亲切的中国百姓。通过旅游这扇窗，中国与世界相知相交。始终保持开放的姿态、包容的气度，为来到中国的友人提供更多便利和支持，为国际社会提供更多近距离观察、体验中国的机会，一个可信、可爱、可敬的中国形象必将走进世界各国更多人的心中。

《人民日报》2024 年 7 月 10 日第 5 版

方向确定了，就要矢志不移坚持下去，一步一个脚印，拾级而上，终能抵达目标。这山望着那山高，东一榔头、西一棒槌，往往抓不住重点、抓不好落实、做不出成绩，看似聪明，实则愚钝。

《人民日报》2024年7月11日第4版

解难题，既需要有解题的勇气，也需要有解好题的智慧。难题之难，往往在于牵涉利益主体多、问题纷繁复杂。蛮干硬干，不尊重客观实际，难以实现突破；创新思路，讲究工作方法，才能事半功倍。

《人民日报》2024 年 7 月 12 日第 5 版

　　随着中国加快发展新质生产力，中国的产品将更好地融入全球产业链供应链，中国与各国的经济联系也将进一步加深，与中国合作的重要性更加凸显。总而言之，中国加快发展新质生产力不仅将提升中国本国创新能力、助力中国经济提质升级，也将为全球经济复苏注入新动能。

《人民日报》2024 年 7 月 13 日第 2 版

许多低调的小县城，有着深厚的底蕴。400多年前，徐霞客从浙东小城宁海出发，开启长达30多年的游历，在他的笔下，小城的自然美景、风土人情引人入胜。船行至浙江常山，两岸的橘绿枫丹令他目不暇接，他写道"橘奴千树，筐筐满家，市橘之舟，鳞次河下"，游客至今也能看到这般丰收的景象；在澜沧江南岸的云南凤庆县，他写下"店主老人梅姓，颇能慰客，特煎太华茶饮予"，滇红茶制作技艺成为非遗，悠悠茶香飘扬至今……深厚的历史底蕴使一座座小城极具魅力，有着别样的人文特色，如同一本读不完的书，等待着游客不断去探寻。

《人民日报》2024年7月14日第6版

213

　　建设生态文明，不断提高生物多样性保护能力和水平，是一项长期而艰巨的事业，必须坚持不懈努力。将生物多样性保护理念融入生态文明建设全过程，涵养保护生态、爱护生灵的生态文明新风尚，中华民族永续发展的生态基础必将得到更好巩固。一个人与自然和谐共生的生态家园成为现实，每个生命都将因此受益。

《人民日报》2024 年 7 月 15 日第 5 版

当好改革的促进派、实干家，应突出一个"实"字，以一往无前的勇气、一以贯之的定力，扎扎实实当好改革的"施工队长"。

《人民日报》2024 年 7 月 16 日第 19 版

　　只要认准是正确的事情，就一以贯之、坚持不懈
干下去。要抓住一切有利时机，利用一切有利条件，
看准了就抓紧干。

《人民日报》2024 年 7 月 17 日第 9 版

养成纪律自觉，关键是要做到自律。自律是千百年来贤哲们经常讨论的话题。唐代张九龄在《贬韩朝宗洪州刺史制》中说："不能自律，何以正人？"在德国哲学家康德看来，自然法则是"他律性"的，而道德法则是"自律性"的；屈从于他律是道德上的懦弱，而自主的自律则是道德上的勇敢。共产党员是高度重视自律的。焦裕禄从不让孩子"看白戏"，杨善洲一辈子坚守下乡、出差自己缴伙食费……无数共产党员以身作则，在自律上发挥了表率作用。

《人民日报》2024 年 7 月 18 日第 9 版

　　当前，新一轮科技革命和产业变革深入发展，对各行各业从业者的综合素质提出了更高要求。无论从事新职业还是传统职业，都必须持续提升从业技能与水平。

《人民日报》2024 年 7 月 19 日第 5 版

中国共产党是一个大党，领导的是一个大国，进行的是伟大的事业。每逢重大历史关头，党总是能够制定正确的政治战略策略，指引我们战胜无数风险挑战、不断从胜利走向胜利。

《人民日报》2024年7月20日第4版

人生旅途难免会遇到一个个"岔路口",面临一道道"选择题"。与在学校考试时所做的选择题不同,人生的选择题往往没有标准答案。因此,不必早早给自己的未来设限,对热爱的事业要敢试敢为,在不懈努力中积累经验,一步步将理想变为现实。

《人民日报》2024年7月21日第5版

人生就是一条奔跑的河流，在百转千回中积蓄着创造的力量。

《人民日报》2024 年 7 月 22 日第 19 版

以钉钉子精神抓好改革落实，贵在坚定不移、久久为功。钉钉子，没有力度是钉不好的，只有用实劲、连续钉，才能钉得牢固。

《人民日报》2024 年 7 月 23 日第 19 版

读旧书，除了读取其中的哲思与妙趣，也为一睹书中作者和读者擦碰出的火花。它是前人留下的足迹，更是个人悟省的机缘。

《人民日报》2024 年 7 月 24 日第 20 版

自胜者强。世间事，没有随随便便的成功，也难有轻轻松松的捷径。物理学上有个弹簧效应：在一定范围内，给弹簧越大的压力，弹簧向上的弹力就越强。人同样如此。"和自己较劲"，肯定是艰难的、有压力的，但只有经历过这种艰难、承受住这份压力，人的潜能才能得到进一步激发，才能把压力转化为实现自身价值、干事创业的动力。

《人民日报》2024 年 7 月 25 日第 5 版

职业形态在变，培养方式在变，从业者的思维也在变。心怀热忱，与时俱进，创新思路，不断实现自我更新、自我超越，就能在广阔的发展天地里施展拳脚、有所作为。

《人民日报》2024 年 7 月 26 日第 5 版

文化艺术不仅是美的追求，更是服务人民、推进中国式现代化的重要力量。

《人民日报》2024 年 7 月 27 日第 1 版

短暂又充实的暑期实践，是人生的一段重要经历，也是大学生进入社会前的自我探索。对于部分大学生来说，或许在未来发展方向上仍存在困惑，此时能有机会走出校园，将有助于青年学生了解社会需求、明晰职业规划、锚定奋斗方向。

《人民日报》2024 年 7 月 28 日第 5 版

北京中轴线作为世界遗产，向世界讲述了一个中华文明传承延续、古今交融的中国故事，也向今天的人们呈现了一个"何以中国"的物质见证，更为今天北京的可持续发展提供了丰富的历史文化资源。

《人民日报》2024年7月29日第8版

思想是客观事物在人的大脑中的能动反映，支配着人的行动。对于领导干部而言，思想对头，认识清楚，自觉性高，就有了做好工作的基础，工作起来就有干劲、有积极性，即便遇到困难也会千方百计想办法、出对策。正所谓思想通了，一通百通。

《人民日报》2024 年 7 月 30 日第 9 版

在大局下行动，通过试点为改革提供经验、贡献方案，是试点的价值和意义所在。

《人民日报》2024 年 7 月 31 日第 9 版

人民日报 金句每日读

八月

抓落实不能机械执行，更不能照搬照抄。找准自身在大局中的战略定位，思想解放、敢作善为，创造性开展工作，就能不断打开改革发展新天地。

《人民日报》2024年8月1日第4版

世界好，中国才会好；中国好，世界会更好。新时代新征程，推动构建人类命运共同体，践行全人类共同价值，坚定站在历史正确的一边、站在人类文明进步的一边，统筹把握国内国际两个大局，以扩大开放促进深化改革、以深化改革促进扩大开放，定能写好推进中国式现代化的时代新篇，为世界现代化注入强大动力。

《人民日报》2024年8月2日第5版

时与势的洞察，谋与干的把握，归根到底是为了让老百姓过上更好的日子。为了这个目标，时不我待、只争朝夕。

《人民日报》2024年8月3日第1版

美育是路径，而非终点。博物馆、美术馆旨在通过美育滋养美好心灵，提高公民综合素养，甚至是助力实现这样的社会：每位公民为了完善自己的人格、度过丰富的人生，随时随地都可以进行学习，并且其学习成果能发挥价值。

《人民日报》2024 年 8 月 4 日第 8 版

具备"从全局谋划一域"的高度，才能提高谋划的科学性、系统性、预见性，抓住历史机遇，拓展发展空间；具有"以一域服务全局"的担当，才能为发展注入强大动能，成为增长极、新高地。

《人民日报》2024 年 8 月 5 日第 4 版

干事创业，既要政治过硬，又要本领高强。党员、干部一方面要锤炼党性修养，厚植为民情怀，一方面要提升能力本领，不断补齐工作中的知识空白、经验短板和能力弱项。

《人民日报》2024 年 8 月 6 日第 19 版

三百六十行，行行出状元。不同职业、不同岗位、不同学科的人才需要不同的评价体系。同是高校教师，有的擅长科研，有的善于教学，有的专于发明；同样从事研究，有的做基础研究，"板凳甘坐十年冷"；有的做应用研究，成果要求迅速转化；有的做交叉研究，要从学科叠加走向融合。发挥人才评价的指挥棒、风向标作用，就要尊重人才个性化、多样化特点，坚持干什么评什么，推进分类评价制度建设，"不要都用一把尺子衡量"，多几把尺子量人才。

《人民日报》2024年8月7日第4版

发展，党执政兴国的第一要务。绿色，高质量发展的鲜明底色。

《人民日报》2024年8月8日第1版

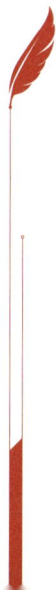

有多坚定的信仰，就有多勇毅的行动，就能开辟多光明的未来。今天，我们依然需要坚持不忘初心、不移其志，常修常炼、常悟常进，为党的理想信念顽强奋斗、不懈奋斗。

《人民日报》2024 年 8 月 9 日第 5 版

正是以钉钉子精神常抓不懈、持续深化减负工作，把基层从形式主义、官僚主义的束缚中解脱出来，广大基层干部才能放开手脚、轻装前行，有更多时间和精力抓落实、促发展、办实事。

《人民日报》2024 年 8 月 10 日第 1 版

游泳是生活水准，是小康生活，是健康中国，是向着强健化突进的民族精神。是不怕冷，不憋气，不怕风险，强化心脏、肺活量、肌肉，以至全身各个系统，是长进神经与全身的适应功能。是乘风破浪、上下自如，从必然王国到自由王国的解放。是三观积极，是全面的健康与乐观，是把握住自己身心的责任感、顽强感和智慧感。

《人民日报》2024年8月11日第8版

我们做任何工作，都要自觉在大局下思考、在大局下行动。增强统筹兼顾的谋划、掌握固强补弱的方法，才能在激烈的竞争中不断激发新优势。

《人民日报》2024 年 8 月 12 日第 4 版

今天的中国，构建起覆盖 960 多万平方公里土地、14 亿多人民、56 个民族的民主体系，实现了最广大人民的广泛持续参与。中国的民主道路走得通、走得好，沿着这条道路坚定走下去，民主之树将根深叶茂、永远常青，中国的明天将更有活力、更加辉煌。

《人民日报》2024 年 8 月 13 日第 5 版

诚然，作为体育比赛的结果，胜利属于"更快更高更强"者。但是，奥林匹克运动承认获奖者的荣光，也赞颂参与者的努力。长久留在人们脑海中的，不只是奖牌的成色，更是奋斗的底色。如今，越来越多的人更加理性地看待体育竞赛，不再视竞争如敌对，视落后为失败。不以胜负论英雄，渴望金牌但绝不唯金牌论，这何尝不是一种开阔的格局和境界。

《人民日报》2024 年 8 月 14 日第 5 版

千头万绪，抓住重点才能找到路径；千难万险，突破重点才能迎刃而解。

《人民日报》2024 年 8 月 15 日第 4 版

大胆探索，是以守正为前提的勇毅担当，凡是有利于党和人民的事，就要事不避难、义不逃责，大胆地干、坚决地干，这才是对历史负责、对人民负责、对国家和民族负责；是以创新为特征的胆识谋略，"既敢于出招又善于应招"，掌握看家本领，成为行家里手，富有胆识谋略，就能做到处变不惊、心中有数，进而分类施策，有效解决矛盾和问题。

《人民日报》2024 年 8 月 16 日第 4 版

守正创新是改革的本质要求。守正就是要坚守符合历史发展规律的正确道路，不为任何风险所惧，不为任何干扰所惑。创新就是要以一往无前的胆魄和勇气变革现实、扫除障碍，沿着历史前进的逻辑前进、顺应时代发展的潮流发展。

《人民日报》2024 年 8 月 17 日第 1 版

坚定发展信心，保持战略定力，我们能够不断克服发展中转型中的问题，推动高质量发展取得实实在在的成效。

《人民日报》2024 年 8 月 18 日第 1 版

一张蓝图绘到底，考验改革的定力、发展的耐心和滴水穿石的韧劲。新时代全面深化改革是一场整体性、系统性的深刻变革。坚持目标导向，才能保证改革始终沿着正确方向、正确道路推进；才能以目标为基准，进行资源配置、时间分配，采取相应的战略战术、方法手段。

《人民日报》2024 年 8 月 19 日第 4 版

人民群众是我们力量的源泉，群众智慧也是进一步全面深化改革的宝贵财富。全面贯彻落实党的二十届三中全会精神，离不开广大群众的积极参与、主动配合。推进改革落实，就要做到心往一处想、劲往一处使，充分调动各方面改革积极性。广泛凝聚社会共识、改革共识，引导全社会理解改革、支持改革、参与改革，把激发创新活力同凝聚奋进力量结合起来，改革动力会更足、效果会更好。

《人民日报》2024 年 8 月 20 日第 5 版

在细微处下功夫，不断满足群众所需所盼，公共服务才能更有温度。顺应民心、尊重民意、关注民情、致力民生，给人民群众带来更多实实在在的利益，人民群众的获得感才会成色更足、幸福感才能更可持续。

《人民日报》2024年8月21日第13版

新时代是奋斗者的时代。从工农商学兵、科教文卫体各领域，到源自"互联网＋"的新业态、新领域、新职业，无数奋斗者在平凡岗位上拼搏奉献，急难险重时冲锋攻坚，基层一线砥砺磨练，创新前沿领风气之先，共同托举起一个光明的中国。

《人民日报》2024 年 8 月 22 日第 4 版

创新，就是要准确把握时代大势，勇立人类发展前沿，聆听人民心声，回应现实需要，大胆闯、大胆试，冲破思想观念的束缚，突破利益固化的藩篱，打开事业新天地。

《人民日报》2024 年 8 月 23 日第 5 版

大学校长的典礼致辞，是学生成长道路上的一份礼物。聆听过一次语重心长的校长致辞，更多同学们懂得了，要坚守热爱和才情，将奋斗融入人生之路，既仰望星空又脚踏大地，既敢想敢为又善作善成，以青春"小我"书写强国"大我"。

《人民日报》2024 年 8 月 24 日第 7 版

许多问题看起来是技术问题，实际上与文化的创造、创新紧密关联。而创造、创新，首先要传承中华优秀传统文化。中华优秀传统文化蕴藏着中华民族系统性的思维、价值和方法。因此，深入历史文脉，萃取精神因子，将中国精神作为不变之本原与内生之动力，方能看到来时路、坚定脚下路、明确未来路。

《人民日报》2024 年 8 月 25 日第 7 版

中国特色社会主义制度，是具有鲜明中国特色、明显制度优势、强大自我完善能力的先进制度。但是，这一先进制度并不是一经建立就成熟定型、尽善尽美的，而是需要随着实践发展而不断发展，在全面深化改革中日益巩固、完善和发展。

《人民日报》2024年8月26日第6版

扛牢管党治党的政治责任，关键在于树牢责任意识。责任是事业所赋，是使命所系，是忠诚品格、担当精神的重要体现。责任落地落实，工作才能见行见效，全面从严治党才能不断取得新成效，我们党才能始终充满生机活力。

《人民日报》2024年8月27日第19版

不立不破，立字当头；瓶颈藩篱，不破不行。实践充分证明，坚持破立并举，把该立的积极主动立起来，该破的在立的基础上坚决破，才能推动改革在"得其法"中不断取得新成效。

《人民日报》2024 年 8 月 28 日第 4 版

创新之路，从无坦途。但要相信，只要立志高远、脚踏实地，一步一步往前走，路虽远，行则必至。

《人民日报》2024 年 8 月 29 日第 5 版

记录和表达生活之美是短视频平台的标志性特色，也是其受到人们喜爱和参与的重要原因。借助平台多样的模板和便捷的剪辑工具，短视频以艺术化的方式记录和表达生活，把日常的"油盐酱醋"变为"雪月风花"，为平淡的日常赋予诗情画意。

《人民日报》2024 年 8 月 30 日第 20 版

　　长江是中华民族的母亲河，奔流不息的长江滋养孕育了源远流长的稻作文化和长江文化，长江沿线的巴蜀文化、荆楚文化、湖湘文化、吴越文化等都是中华文明发展史上不可或缺的组成部分，对于中华文明的延续和发展起到重要作用。大自然造就了长江沿线美不胜收的景观，古往今来的历史人物各领风骚、挥斥方遒，留下了脍炙人口的精彩故事。

《人民日报》2024 年 8 月 31 日第 7 版

人民日报 金句每日读

九月

一日三餐、四季流转、不时不食等习惯和观念，孕育着人与自然和谐共生的智慧；白如雪、细如丝、匀韧不碎的兴化米粉，浓缩了当地人的吃苦耐劳、勤奋节俭……美食之美，不止于色香味，还美在心灵的陶冶、人文的启迪。

《人民日报》2024 年 9 月 1 日第 6 版

冷门不冷，绝学未绝。甲骨文研究以"表情包"、3D打印等形式引发关注；敦煌文化在影视科普、文博文创等的带动下走红……相对冷门的学科频频"出圈"，体现了中华优秀传统文化与时代精神的共振，从中可以看到文化传承与创新的巨大潜力。挖掘思想内涵，增添文化趣味，激发情感共鸣，在发展中创新、在创新中发展，更多冷门学科就会拥有吐故纳新的青春活力，文化传承也就会有生生不息的青春力量。

《人民日报》2024 年 9 月 2 日第 5 版

　　基层是改革发展稳定的第一线，是贯彻落实党中央决策部署的"最后一公里"，不能被形式主义、官僚主义束缚手脚。形式主义问题具有顽固性、反复性，整治"指尖上的形式主义"，既要出重拳推动"当下改"，也要加强常态监管、建设长效机制，以"长久立"保障基层干部有更多精力抓落实，用"指尖"清风带来工作新风。

《人民日报》2024年9月3日第9版

中国高铁的发展极为不易，饱含着建设者们的心血和汗水，如今早已被看作是中国品牌、中国质量、中国速度的一个代表。这张闪闪发亮的名片，令世界对中国刮目相看。现在，高铁已经覆盖到越来越多的城市和乡村，也给越来越多的人带来平稳舒适和安全快捷的出行享受。

《人民日报》2024 年 9 月 4 日第 20 版

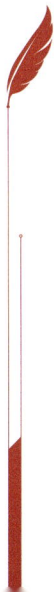

活力是人民群众积极性、主动性、创造性的体现。人民群众中蕴含着无穷的活力，但活力能否被激发出来，取决于是否有顺畅的体制机制。如果体制机制不顺畅，就会束缚活力、抑制创新、阻碍发展。从这个意义上说，改革就是要冲破思想观念束缚、突破利益固化藩篱、消除体制机制障碍，把人民力量激活，把经济社会搞活，使各方面积极性、主动性、创造性充分迸发，形成推动国家发展进步的强大内生动力。

《人民日报》2024 年 9 月 5 日第 13 版

文化，因传承而熠熠生辉，因发展而生生不息。让青年学子有更多机会参与文化实践，不仅能为他们朝气蓬勃的青春岁月注入深厚的精神力量，也能够以年轻人的朝气、锐气更好激活文化创新的"一池春水"。

《人民日报》2024 年 9 月 6 日第 11 版

在民间，葫芦被视为吉祥物。平民百姓喜爱葫芦，历代文人墨客也偏爱葫芦。宋末元初李道纯赞葫芦诗曰："花开白玉光而莹，子结黄金圆且坚……"近代著名画家齐白石描绘葫芦的画作很多。他以生动活泼的笔触，赋予画中葫芦吉祥、福禄等文化内涵。如此葫芦画，广受赞誉和欢迎。

《人民日报》2024年9月7日第8版

当下，越来越多"悦"读新空间在广袤山乡拔地而起，为人们带来阅读的快乐与多元文化的滋养。尊重和适应乡土环境，激发艺术与设计活力，有助于促生更多主题突出、特色鲜明、功能多元的"悦"读新空间。活跃而丰富的精神文化生活，将使村庄焕发蓬勃的时代活力，为推进乡村全面振兴夯实根基。

《人民日报》2024 年 9 月 8 日第 8 版

　　只"尽力"不"量力",容易急功近利;只"量力"不"尽力",往往缺少魄力。坚持尽力与量力相结合,才能管控好风险,确保改革落地见效。

《人民日报》2024年9月9日第4版

对英雄最好的纪念，就是继续弘扬见义勇为精神，努力做到有一分光便发一分热。小处着手，人人可为。面对求助，面对危难，希望我们每一个人都有雪中送炭的慷慨、胸怀挺身而出的勇气，愿崇德向善始终印刻在你我心间。

《人民日报》2024 年 9 月 10 日第 5 版

中国文化极具韧性，数千年来代代相传，得到良好的保护与传承，这是文明的力量，也是文化的力量。

《人民日报》2024年9月11日第17版

创造经得起实践、人民、历史检验的业绩，并不是轻轻松松就能完成的。树立和践行正确政绩观，要有敢于动真碰硬、敢于攻坚克难的勇气和担当。改革向广度和深度进军，改革的复杂程度、敏感程度、艰巨程度也会随之增加。碰到矛盾和难题绕道走，把自身责任往外推，不敢动真碰硬，就不可能树政绩。面对深层次的矛盾和体制机制的"梗阻"，领导干部要有"明知山有虎，偏向虎山行"的决心，在改革之路上闯关夺隘、攻城拔寨。

《人民日报》2024 年 9 月 12 日第 9 版

好儿女志在四方，笃行者青春无悔。

《人民日报》2024年9月13日第20版

75 年非凡历程中闪耀着的一个个响亮名字、一段段感人故事，激励中华儿女弘扬忠诚、执着、朴实的鲜明品格，把个人的理想追求融入党和国家事业之中。新征程上，完成中心任务、实现战略目标，需要英雄，需要英雄精神。以功勋模范人物为榜样，将英雄精神内化于心、外化于行，像英雄模范那样坚守、像英雄模范那样奋斗，一定能共同谱写新时代人民共和国的壮丽凯歌，开辟中国式现代化更加广阔的前景。

《人民日报》2024 年 9 月 14 日第 5 版

中华民族何以能够在几千年的历史长河中生生不息、薪火相传、顽强发展？唐槐宋柏、古树新芽的年轮，仰观天象、俯察地理的典故，"与天地准""开天立极"的古圃，结网制器、建屋养畜的创造，都凝结着难以磨灭的民族情感归属，成为连接古今、凝聚海内外中华儿女的精神纽带。

《人民日报》2024 年 9 月 15 日第 3 版

生活的忙碌，让我们忽略了一些本该珍惜的时光，中秋的月色可以拭去心头的尘埃。有时候，幸福真的很简单，就是陪母亲唠唠嗑，给父亲捶捶背，和兄弟下盘棋，把孩子举高高。月圆之夜虽不见月，王阳明在老父膝下承欢，不是也幸福满满吗？与其为生活中的不如意神伤自怨，不如修炼一颗强大的心，看淡世俗纷扰，拥抱所有真情。其实，我们经历的美好并未走远，只是暂时寄存在情感的保鲜盒里，随时等待开启。

《人民日报》2024 年 9 月 16 日第 8 版

　　"天行健，君子以自强不息"，自古以来，日月永不停息的规律运动就启发着中国人，鼓舞着他们像日月一样循天道而行，一往无前。同时，月亮的周期性变化，也启发我们这个民族能正确对待成败得失——逆境时不悲观，因为总有月圆之时；顺境时不忘忧患，因为月满则亏，应保持谦逊。"月有阴晴圆缺"，恰似"人有悲欢离合"。人这辈子总会遇到种种艰难和坎坷，但不论顺境逆境，我们都应该像明月一样，哪怕乌云满天，也要绽放光华。皎洁的月色正象征着高洁的品格与操守。正如南宋诗人张孝祥在一首中秋词中所写："孤光自照，肝肺皆冰雪"。

《人民日报》2024 年 9 月 17 日第 6 版

山再高，往上攀，总能登顶；路再长，走下去，定能到达。目标确定了，任务明确了，就要咬定青山不放松。聚焦、聚神、聚力抓落实，做到紧之又紧、细之又细、实之又实，方能让更多改革举措落地生根。

《人民日报》2024 年 9 月 18 日第 5 版

水滴石穿，绳锯木断。抓好落实，必须有恒心、有韧劲、有定力。

《人民日报》2024年9月19日第5版

"管得太死，一潭死水不行；管得太松，波涛汹涌也不行。"处理好辩证关系，关键是把握好时度效，该管的事管好、管到位，该放的权放足、放到位，寓活力于秩序之中，建秩序于活力之上，在动态平衡中行稳致远，定能推动中国式现代化不断开辟广阔前景。

《人民日报》2024 年 9 月 20 日第 4 版

匆匆不是秋的节拍，不急不浮，才是秋天的秉性。不必伤秋，也不用怨艾。当冬驭着雪降临时，落叶被冰冷覆盖，化自身为泥土，育苗护芽，在来年春天，再推举出一批茁壮向上的竹来。走过冬，走过春，走过夏，迎来又一个金黄的秋天。

《人民日报》2024 年 9 月 21 日第 8 版

"我不知道你是谁，但我知道你为了谁。"全心全意为人民服务是人民军队始终不渝的宗旨，人民的安危冷暖是子弟兵的深情牵挂。人民军队承担抢险救灾任务，是党和人民的信任重托，是践行初心使命的重要体现。把虚弱的老人背上肩头、把受惊吓的孩子搂在怀中、把受伤的群众抬上担架……在党和人民需要的时候，只要一声令下，人民子弟兵冲锋在前，哪怕付出鲜血和生命，也要坚决取得战斗的最后胜利。他们一次次证明，人民军队不愧是党领导的军队，不愧是保卫国家、保护人民的铜墙铁壁。

《人民日报》2024 年 9 月 22 日第 5 版

　　个人理想只有融入国家发展的大局中，持续聚焦国家重大战略需求，才能获得前进方向的科学指引和持续奋斗的不竭动力。

《人民日报》2024 年 9 月 23 日第 6 版

实干精神是对党员、干部党性的考验，也是干事创业的应有前提。党员、干部当厚植实干精神，鼓足实干劲头，让实干成为自觉，凡是有利于党和人民的事，就要事不避难、义不逃责，大胆地干、坚决地干，把惠民利民的实事一件一件办好。

《人民日报》2024 年 9 月 24 日第 19 版

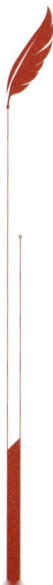

有了坚定的理想信念，站位就高了，眼界就宽了，心胸就开阔了，就能在各种诱惑面前立场坚定。今天，党员干部面临的诱惑、"陷阱"更加复杂多样，只有不断增强信仰、信念、信心，才能练就拒腐防变的"金刚不坏之身"。

《人民日报》2024 年 9 月 25 日第 9 版

崇尚英雄才会产生英雄，争做英雄才能英雄辈出。及时表彰奖励见义勇为人员，大力宣扬他们的英勇事迹，以榜样的力量感召人、鼓舞人，方能激励更多人见贤思齐。从每季度发布"中国好人榜"、选出"见义勇为好人"，到开展全国见义勇为英雄模范评选表彰活动，一次次正义之举被看见，一簇簇道德之光在汇聚，全社会激荡起浩然正气，崇德向善的文明风尚愈发浓厚。

《人民日报》2024 年 9 月 26 日第 5 版

享誉世界的中国制造、中国建造，震撼人心的中国故事、中国奇迹，正在推进的中国式现代化，不是天上掉下来的，也不是别人恩赐施舍的，而是我们党带领人民一起拼出来、干出来、奋斗出来的！历史有力证明，14亿多人口的大国走向现代化，只能靠我们自己发扬自力更生的精神。立自力更生的志气，一切美好的东西都能够创造出来。

《人民日报》2024年9月27日第5版

前进道路上，不管风吹雨打，无论急难险重，中国共产党始终都是中国人民最可靠的主心骨、定盘星、压舱石。这是"刻进骨子里"的信仰，是"融入血脉中"的基因，是"记在心坎上"的共识。

《人民日报》2024 年 9 月 28 日第 2 版

努力完成目标任务，干字当头；克服困难解决问题，创新为要。想干事、干成事，总会遇到难题和挑战。推动经济持续回升向好，就是要使命扛在肩、创新不怕难、攻坚不惜力，用实实在在的高质量发展成效唱响中国经济光明论。

《人民日报》2024 年 9 月 29 日第 1 版

平凡铸就伟大，英雄来自人民。即便如无双国士，也是集腋成裘，一辈子做一件事，做到极致。爱国不一定轰轰烈烈，也未必感天动地，但要在时代洪流中，辨清前进的方向；在爬坡过坎中，彰显应有的担当。一代代人接续奋斗，才换来欣欣向荣的中国，我们要跑好属于我们这一代人的接力棒。

《人民日报》2024 年 9 月 30 日第 2 版

OCTOBER

十月

　　和新中国一同成长的，是与国家前途命运紧密相连的每一个人。"我和我的祖国，一刻也不能分割。"祖国的发展，有每一个"我"的参与，每份看似平凡的付出，都是对成就今日之中国不可或缺的贡献；祖国的强盛，让每一个"我"都受益，每次看似微小的进步，都在给予人民温暖而坚定的力量。

《人民日报》2024 年 10 月 1 日第 6 版

唯有保持永不懈怠的精神状态和一往无前的奋斗姿态，过了一山再登一峰、跨过一沟再越一壑，才能有效应对风险挑战，在日趋激烈的国际竞争中赢得战略主动，在新征程上作出无负时代、无负历史、无负人民的业绩。

《人民日报》2024 年 10 月 2 日第 1 版

关键时期，承前启后、继往开来，大有可为，也必须大有作为。形势逼人，不进则退；形势催人，时不我待。我们必须发扬历史主动精神，保持行百里者半九十的清醒，撸起袖子加油干。

《人民日报》2024年10月3日第1版

站在新的历史起点，坚定文化自信，秉持开放包容，坚持守正创新，持续深化文化体制机制改革，扎实推动文化事业、文化产业繁荣发展，定能创造属于我们这个时代的新文化，为全面推进中华民族伟大复兴提供更为主动、更为强大的精神力量。

《人民日报》2024 年 10 月 4 日第 4 版

一个热爱祖国的人，必然热爱她的历史与文化。一个珍视自己历史与文化的民族，必然会像爱护生命那样爱护文化遗产。中华儿女热爱长城、保护长城，不仅仅是热爱长城巍峨壮丽的风采和长城承载的厚重历史，更是热爱和守护长城凝结的坚韧顽强、团结奋斗、热爱和平等民族精神。

《人民日报》2024 年 10 月 5 日第 7 版

中国式现代化开创了兼顾本国繁荣与全球合作的新范式。通过促进文明对话和共同发展，中国正不断为全球和平与繁荣贡献智慧和力量。

《人民日报》2024 年 10 月 6 日第 3 版

青年一代自信乐观、热情友好的阳光气质，源于文化自信的力量。文化是一个民族的精神和灵魂，高度的文化自信是实现民族复兴的重要基础。从"国潮"火爆盛行，到"国服"引领风尚，年轻一代对中华民族灿烂的文明从精神深处深刻认同，传承中华文化基因更加自觉，民族自豪感显著增强。正是因为有着坚定的文化自信，中国青年有了一份平视世界、拥抱世界的自信，也有了一份胜不骄、败不馁的从容。

《人民日报》2024年10月7日第7版

热爱祖国是立身之本，成才之基。

《人民日报》2024 年 10 月 8 日第 5 版

感时应物、因时而动，发轫于农耕文明的节气文化，是古人观察时令、气候、物候等现象时总结出的时间知识体系，既指导四时农耕，也调和生活节奏，既涵养文化根脉，也孕育东方美学。伴随着丰收的喜悦，古老节气奏响今日欢歌，传统文化融入日常生活，在润物无声中滋养着文化的认同。守护好文化内核，激活其时代活力，中华优秀传统文化必将更好启迪智慧、温润心灵。

《人民日报》2024年10月9日第5版

大处布局、小处落子。大谋划关照小细节，小切口蕴含大智慧。统筹兼顾大与小的辩证思维，彰显着"致广大而尽精微"的中国智慧。

《人民日报》2024 年 10 月 10 日第 4 版

"腹有诗书气自华"，书卷气是学识涵养、理论功底的外显。保持学习习惯，善于从书本中汲取营养，不仅能增强思辨能力，廓清思想迷雾，还能陶冶心性和情操。书卷气强，遇事有静气，行事有朝气，干事有灵气。提升书卷气，也有利于熨平傲气、娇气、俗气。

《人民日报》2024年10月11日第4版

生活中，你会发现各行各业里都有那么多可爱的人。他们平凡的故事里写满了坚韧与热爱、责任与担当，他们鲜活的日子闪烁着属于奋斗者的动人光芒。我们为一点一滴的成就喝彩，也为正奋斗着的你、我、他点赞！

《人民日报》2024年10月12日第8版

　　将时间维度进一步拉长，持久的专注能够为"择一业成一事终一生"打下坚实基础。成为大国工匠，需要持续钻研；探索科技前沿，离不开长期积累；传承文化的道路上，学者们孜孜以求、皓首穷经。反之，如果心浮气躁，朝三暮四，学一门丢一门，干一行弃一行，无论为学还是创业，都是最忌讳的。面对众多选择，青年人要迈稳步子、夯实根基、久久为功，一步一步往前走，努力以十年磨一剑的韧劲，以"一辈子办成一件事"的执着，成就有价值的人生。

《人民日报》2024 年 10 月 13 日第 5 版

时代，给平凡人以不平凡的机遇；国家，给普通人以不普通的平台；奋斗，给劳动者创造幸福的底气。新中国成立75年来，产业发展热火朝天，新兴职业不断涌现，美好生活热气腾腾。个人全面发展、社会阔步前行、家国逐梦圆梦，是同向而行、同频共振的。"每个人都了不起"，人人能出彩、人人愿出力，大家的拼搏奋斗汇聚成中国昂扬奋进的洪流。

《人民日报》2024年10月14日第5版

成事之要，关键在人。党员、干部是党的事业的骨干和中坚力量，要树立和践行正确政绩观，求真务实抓改革，持之以恒抓改革，在改革大势里中流击水，在开放大潮中乘风破浪，确保改革目标任务如期实现。

《人民日报》2024年10月15日第19版

一个人廉洁自律不过关，做人就没有骨气，做事就没有硬气，这是千古不变的道理。管住手脚，才能真正放开手脚，做到自身正、自身净、自身硬，确保既想干事、能干事，又干成事、不出事。

《人民日报》2024 年 10 月 16 日第 4 版

当好改革促进派、实干家，必须踏踏实实把我们自己的事情做好、把正在做的事情做好，持续增强干的动力、形成干的合力，同向而行、同频共振，让愿景变为现实。

《人民日报》2024年10月17日第5版

天空中每一朵焰火都不相同，没有放之四海而皆准的文旅发展秘诀。立足本地去创新，而非盲目复制，赋予文旅产业源源不断的发展动能。一段传奇的历史故事、一个动人的民间传说、一项古老的非遗技艺，都有其独特的生长土壤，也都值得用心保护传承。在挖掘自然、人文特色的基础上，以创新的视野去寻找能激发市场活力、游客热情的独特创意，才能更好提升文旅产业的吸引力、竞争力。

《人民日报》2024年10月17日第5版

盘活存量，要有迎难而上的勇气和担当。"老家底"多是老旧账，盘活它们确实不容易，有的还要承担风险。但是，振兴"家业"，不是非得"另起炉灶"，不能任凭"老家底"自生自灭，更不能把它们都拆了、扔了。应当认识到，盘活存量也是"硬"政绩。必须珍视"老家底"，提高"新官理旧账"的自觉性，以敢啃硬骨头的勇气，以"功成不必在我，功成必定有我"的担当，带领广大干部群众一起想办法、干成事。

《人民日报》2024年10月18日第5版

中华优秀传统文化积淀着中华民族最深沉的精神追求，代表着中华民族独特的精神标识，是中华民族生生不息、发展壮大的宝贵滋养，也是我们在世界文化激荡中站稳脚跟的根基。因此，传承和弘扬中华优秀传统文化，必须从表面走向深层，从符号走向内涵，从形式走向精神。唯有如此，我们才能真正让中华优秀传统文化在现代社会中焕发出新的时代光彩。

《人民日报》2024年10月19日第6版

每逢周一的校园清晨，国歌声中，学生全体肃立，那是对祖国最朴素的敬仰；历史课上，从鸦片战争的屈辱到新中国成立的辉煌，从改革开放的春风到新时代的征程，一段段波澜壮阔的历史画卷徐徐展开；参加红色研学，重走先辈足迹，现场感受那份为国家和民族未来不懈奋斗的激情……爱国主义教育是塑造青少年学生精神世界的基石，不仅仅是书本上的知识，更是心灵的洗礼。把爱国主义贯穿教书育人全过程，就是为了让爱我中华的种子埋入每个孩子的心灵深处，生根发芽。

《人民日报》2024年10月20日第5版

教育公平是社会公平的重要基础，也是建设教育强国的内在要求。始终坚持教育公益性原则，在健全学生资助体系中提高资金使用效益、确保资助工作顺利开展，让学生资助雪中送炭、直抵人心，就能为社会培养更多有用之才。

《人民日报》2024 年 10 月 20 日第 5 版

只有从经济社会发展的整体需要出发，自觉服从全局、服务全局，才能确保各类政策相互衔接、有机统一，以"心往一处想"的共识实现"劲往一处使"的协同。

《人民日报》2024年10月21日第5版

志坚方可励行，"登绝顶"贵在"遵道""会心"，认准的路就坚定不移走下去。其实，登山本身也是一个"正心""悟道"的过程。通过一次次的爬坡过坎、援梯而上，站得高，看得远，方向就更明确了，步伐就更坚定了。

《人民日报》2024 年 10 月 22 日第 19 版

天地之间有杆秤，人民心里有本账。常怀赤子之心，恪守为民之责，真正干出有益于党和人民事业发展的实事、真正创造经得起历史检验的实绩，就一定会得到人民群众的拥护和爱戴。

《人民日报》2024 年 10 月 23 日第 4 版

家风是社会风气的重要组成部分。家教良好，家风端正，子女才能健康成长。历史上，诸葛亮诫子"静以修身，俭以养德"、岳母刺字激励儿子尽忠报国、朱子家训惕励"恒念物力维艰"，都是在以言传身教传承优良家风。从谷文昌"清白持家、简朴本分、为民奉献"到杨善洲"不让子女沾光"，家风折射共产党人的初心使命，闪耀着信仰的光芒。传承弘扬家风文化，将为我们提供砥砺前行的精神动力。

《人民日报》2024 年 10 月 24 日第 9 版

无论是问需于民还是问计于民，归根结底都是"想人民之所想，行人民之所嘱"的体现。这既是一种态度，也是一种作风，更是一种能力。

《人民日报》2024年10月25日第4版

每一片树叶走过各自不同的一生，叶面上也留下独一无二的印记。有狂风击打、暴雨袭击、虫子咬噬，也许还有调皮的孩子的撕扯，但它们都坚持到了秋天。

《人民日报》2024 年 10 月 26 日第 8 版

青春，意味着无限可能，内含创新创造特质。"墨子"传信、"神舟"飞天、"嫦娥"探月、"天眼"巡空……一大批有志青年挑大梁、担重任，在逐梦太空的征途上发出青春的夺目光彩。放眼神州大地，在推进高质量发展的坚实步伐中，越来越多的青年抓住机会，增强创新本领，释放创新潜能。

《人民日报》2024 年 10 月 27 日第 5 版

《荀子·王制》有言，"春耕、夏耘、秋收、冬藏，四者不失时，故五谷不绝"。年复一年，农民用辛勤劳动演绎着与土地的四季歌，以滴滴汗水诠释着朴素的自然法则。他们最懂得"勤则不匮"的道理，明白土地"诚不我欺"。好收成，源自平日里一步一个脚印地推进、一个环节一个环节地紧抓，源自"藏粮于地、藏粮于技"的投入，源自锚定目标、日拱一卒的坚韧。

　　　　　　　　　　　　《人民日报》2024 年 10 月 28 日第 5 版

牢记中国共产党是什么、要干什么这个根本问题，始终把人民放在心中最高位置，多解民生之忧，多谋民生之利，才能不断把人民群众对美好生活的向往变成现实。

《人民日报》2024 年 10 月 29 日第 18 版

党心齐，党治国理政就有力量。人心齐，党的执政基础就坚固。向上看，向下看，为的是上下同欲。落实好"向上看看，向下看看"的重要要求，让党心民意同频共振，让事业发展所向披靡，才是真正"为人民服务，担当起该担当的责任"。

《人民日报》2024 年 10 月 30 日第 4 版

只要有梦想，就有无限可能，只要勇于追求，就能让梦想照进现实。

《人民日报》2024年10月31日第20版

人民日报 金句每日读

NOVEMBER

十一月

时代舞台足够广，有一技之长，不怕不出头。只要踏实肯干、执着专注，学砌墙，能代表国家参加国际大赛；操控机床，也能享受国务院政府特殊津贴。

《人民日报》2024年11月1日第5版

讲政治、顾大局、守规矩，自觉在大局下思考、在大局下行动，才能推动各项改革举措落地落细落实。

《人民日报》2024 年 11 月 2 日第 2 版

作为心与心沟通的桥梁，板书承载了教师的育人情怀、师生之间的浓浓情感。在牛津科学史博物馆，爱因斯坦的板书穿越时光。在南开大学陈省身故居，黑板上的公式引人驻足。在网络问答平台上，也有许多网友想起黑板前的身影，感叹"庆幸遇到过这样的老师""喜欢粉笔触到黑板的声音，那是属于师生之间的浪漫"。怀念板书，也是感念师恩，感怀教育的力量。

《人民日报》2024年11月3日第5版

统筹破与立，必须找准改革突破的方向和着力点，把握政策调整和推进改革的时度效。既需要有谋定而后动的智慧，把握规律、尊重实际，进行充分论证和评估；也需要自我革新的勇气，只要是符合实际、必须做的，该干的还是要大胆干，该改的就要果断改。

《人民日报》2024 年 11 月 4 日第 4 版

一个时代有一个时代的生活，一个时代有一个时代的文学。没有任何一种文学可以先验地、一劳永逸地提供对生活的认知，没有任何作家作品能提供关于生活的永恒答案。我们不能靠沿袭过往生活经验和文学配方来写作，那种刻舟求剑式的书写无法显影生活，也骗不了时间和读者。

《人民日报》2024年11月5日第20版

改革永远在路上，改革之路无坦途。处理好部署和落实的关系，把不折不扣落实的原则性与创造性落实的灵活性有机统一起来，我们就一定能把愿景变为实景，奋力打开改革发展新天地。

《人民日报》2024 年 11 月 6 日第 4 版

把一个个"难题"变为"奇迹"，让一个个"不可能"变成"一定能"，了不起的改革故事和发展奇迹的背后，是一条独特现代化道路的勃兴、一种新型文明形态带来的聚变效应。深入理解全面深化改革的重要成果、重大意义，以钉钉子精神抓好各项改革举措落实落地，不断为全面推进中华民族伟大复兴而团结奋斗——这样的使命何等恢弘，这样的前途何等光明！

《人民日报》2024 年 11 月 7 日第 5 版

人民有所呼、改革有所应，改革为了人民，改革依靠人民，改革成果由人民共享，这是改革的价值旨归。人民认可的事情，人民拥护的事情，人民赞成的事情，我们就要心无旁骛地继续做下去，不为任何风险所惧，不为任何干扰所惑。

《人民日报》2024 年 11 月 8 日第 5 版

通过考古发掘、研究保护工作，为更好赓续中华文明提供借鉴，这是考古人的使命。从这个意义上说，每一位考古人既是文化遗产的保护者，又是优秀传统文化的传播者。

《人民日报》2024 年 11 月 9 日第 8 版

溯历史的源头、循文化的根基，才能辨识当今的中国。"和"文化，中华民族的历史基因，是今天读懂中国与世界相处之道的密码。

《人民日报》2024 年 11 月 10 日第 1 版

一切美好的蓝图，都是一招一式干出来的、夜以继日拼出来的。瞻望前程，发展上升通道的"势"、战略机遇的"时"，与主动改革、积极改革创造的"机"，交相辉映、相得益彰。激发决心和干劲，汇聚各方面改革发展的合力，我们的事业必能在爬坡过坎中不断向前迈进。

《人民日报》2024 年 11 月 11 日第 4 版

不驰于空想、不骛于虚声，真正把功夫下到察实情、出实招、办实事、求实效上，一定能把实事办好、把好事办实，把好事实事办到群众心坎上。

《人民日报》2024 年 11 月 12 日第 4 版

全面深化改革是为了推动党和人民事业更好发展，而不是为了迎合某种标准或看法。实践证明，一切刻舟求剑、照猫画虎、生搬硬套、依样画葫芦的做法都是无济于事的，在道路、方向、立场等重大原则问题上，旗帜要鲜明，态度要明确，不能有丝毫含糊。

《人民日报》2024 年 11 月 13 日第 4 版

"一灯燃百千灯"。师生之间传递的，不只是有形的知识，更是无声的美德。无数乐教爱生、甘于奉献的优秀教师，用温暖的爱心托举学子求学路，同时也以人格魅力塑造着学生的价值追求，为他们的人生选择树立起标杆。从更广阔的视角来看，当爱心激起爱的涟漪，当善行激起善的回响，人们从中可以直观看到，爱的力量不仅在于它内嵌于人性之中，更在于它能够感化人、带动人，形成同频共振的力量，这会让整个社会都更加崇德向善、向风慕义。

《人民日报》2024 年 11 月 14 日第 5 版

认准了就坚定走下去，毫不犹豫干。

《人民日报》2024 年 11 月 15 日第 1 版

许多时候，面对坎坷，我总是畏难，为自己找到可以舒适踩下去的台阶，找到说服自己不再坚持的理由。而在这段长城的攀爬中，我看到了另一种力量——那是自强不息、勇往直前的勇气。

《人民日报》2024 年 11 月 16 日第 8 版

锻炼好自身的专业技能至关重要，一技在手、常年坚守，才能一步一个脚印实现人生理想。

《人民日报》2024年11月17日第6版

做好自己的事，"首先要看看我们做得怎么样，这是我们下一步往前走的前提。"做得对、做得好的，就要坚定不移做下去。

《人民日报》2024 年 11 月 18 日第 4 版

抓落实，不仅仅是把思想方法搞对头，最根本的是要树立正确权力观、政绩观、事业观。抓落实切忌急功近利，期望"一夜成林""一夜成景"只会欲速则不达。

《人民日报》2024年11月19日第19版

既大刀阔斧、一往无前，又步步为营、稳扎稳打。胆子小，就会瞻前顾后、畏首畏尾，导致落实"能拖一天是一天"；步子太大，未三思便贸然行事，难免出现空档期、动荡期，令改革难以行稳致远。胆子大、步子稳，才能在革故和鼎新中平稳过渡。

《人民日报》2024 年 11 月 20 日第 9 版

奋斗者总是能和时间做朋友，让时间拥有创造奇迹的魔力。

《人民日报》2024年11月21日第4版

事实上，人的一生中，哪一段记忆、哪一段经历在心底留存得最久最深？我想，即使是非写作人群，也会有共识——故乡与童年。故乡给了一个人最初也是最重要的成长记忆和经历，相当程度上，它塑造了一个人的世界观、心灵和性格。

《人民日报》2024 年 11 月 22 日第 20 版

如果生活真的是苦的，文学就是药后服下的一颗糖，糖的甜蜜会贯穿所有的岁月。

《人民日报》2024 年 11 月 23 日第 8 版

面对一时的不如意，与其陷入自我怀疑和内耗，不如客观理性加以分析，是自身知识、能力不足，还是欠缺经验、历练，再有针对性地补足短板，通过一件又一件具体而微的事，见证自己点滴的进步和改变。

《人民日报》2024 年 11 月 24 日第 5 版

爱听故事是人的天性，会讲故事是人的天赋。从竹简到绢帛再到壁画，乃至今天的书纸、影像、舞台……故事的载体在更新，但好故事的标准变化不大。历史故事要口耳相传，时代故事要脍炙人口，都需要提供充足的信息增量、情感增量或者价值增量，如此才有了引人入胜的内核。所以，讲好故事，不能不讲道理。

《人民日报》2024 年 11 月 25 日第 4 版

快追求效率，当快则快，才能抓住时机，闯出新天地；慢要的是质量，当慢则慢，才能慢工出细活，实现高质量。快慢各有所长，也各有所宜。当快不快，错失良机；当慢不慢，恐留后患。

《人民日报》2024 年 11 月 26 日第 4 版

　　法律的生命在于实施，道德的力量在于践行。人人以法律为遵循、以美德为指引，才能获得高尚的生活和真正的自由。

《人民日报》2024 年 11 月 27 日第 4 版

但凡干事创业，哪有一帆风顺的。人生总是越过一座山，再攀一座峰。路虽远，行则将至；事虽难，做则必成。

《人民日报》2024 年 11 月 28 日第 5 版

理解老年人的一举一动，尊重老年人的所思所想，爱心和孝心才能落实为有效行动。

《人民日报》2024年11月29日第5版

元符三年（1100 年）苏轼遂得北归，后再次来到大庾岭。度岭时，当地最引以为盛的梅花已过花期，他遂赋诗《赠岭上梅》："梅花开尽杂花开，过尽行人君不来。不趁青梅尝煮酒，要看细雨熟黄梅。"梅花飘尽，就连梅子青涩适于煮酒的时节也已经过去。那么多美好的时刻，多少来往行人都曾拥有，唯独自己全部错过。这也许是令人悲伤的，但苏轼让我们看到了另一面，总有美好的事情可以期待：梅花落了，还可以有青梅煮酒。青梅季也过了，那就静待细雨把甘甜压进果实，看黄梅渐渐成熟。

《人民日报》2024 年 11 月 30 日第 8 版

365

人民日报 金句每日读

DECEMBER

十二月

把好方向盘，不断构建和完善具有中国特色的美术评论话语体系，充分发挥美术评论对价值观、审美观的引导作用，营造天朗气清的行业风气，美术事业才能因时代而盛，为文化强国建设贡献艺术力量。

《人民日报》2024 年 12 月 1 日第 8 版

一人立志，万夫莫夺。千万人的志向汇聚起来，就是一个大党的志业。

《人民日报》2024 年 12 月 2 日第 4 版

　　"富贵而骄，自遗其咎""务本节用财无极"……无论是警世格言还是民间智慧，都有相同的逻辑：节用才能致富，富起来以后，仍然需要精打细算、科学利用。倡导节约理念，并不是要抑制消费，而是旨在涵养健康理性的财富观、消费观，让财富合理地发挥出最大价值。

《人民日报》2024年12月3日第4版

文化遗产具有精神价值，不同国家的文化遗产都是自身的精神标识，蕴含着各自的精神观念和价值追求。文化遗产承载着共同的历史记忆、价值观和文化传统，它们像无形的纽带，将一个群体紧密地联系在一起。因此，对于每个国家而言，自身独特的文化遗产都是其身份认同感和民族自豪感的重要源泉。与此同时，当人们深刻意识到自己的文化遗产在世界文明的宏大版图中具有独特且不可替代的价值时，既会更加用心地珍视和保护这些文化遗产，也会进一步认识到不同国家和民族的文明都扎根于本国本民族的土壤之中，都有自己的特色、长处、优点。

《人民日报》2024 年 12 月 4 日第 9 版

守正就不会迷失方向，创新就不会停滞不前。坚持守正创新，把该改的、能改的改好、改到位，把不能改的坚决守住，破立并举、先立后破，必能激发改革的强大活力，打开改革发展新天地。

《人民日报》2024年12月5日第9版

定力和底气，来自对时与势的深刻把握；力量和信心，来自人民这一最坚实依托。

《人民日报》2024 年 12 月 6 日第 4 版

　　龙年岁末，我们的春节成功进入人类非遗行列，这是中国人的荣光，也是中国人奉献给世界的礼物。春节所拥有的和平理念、家庭观念与期盼未来丰年的可持续发展理念，都是我们中国与人类共享的价值观念与精神财富。

《人民日报》2024 年 12 月 7 日第 8 版

任何一个对国家和社会有益的行当，都需经过一代代从业者接力耕耘，才能逐步发展起来。乐于尝试新事物，是年轻人的天性和优势。但一旦认准了，就需要沉得下心，深入钻研，用心耕耘。

《人民日报》2024 年 12 月 8 日第 6 版

非物质文化遗产凝结着人们的集体记忆、经验智慧、共同情感。加强非遗传承保护，为我们留下一个了解历史、回望过去的窗口，更为砥砺前行提供精神动力。

《人民日报》2024年12月9日第5版

谋定而动，落脚在"动"。一旦"看准了"，便得"抓紧干"。广大党员干部应抓住一切有利时机，利用一切有利条件，以"等不得""慢不得""坐不住"的紧迫感和责任感抢时间、赶进度，真抓实干、担当作为。

《人民日报》2024 年 12 月 10 日第 17 版

奋斗永远不晚，努力终有回报。不断实现自我突破的背后，是日复一日的坚持不懈，是全力以赴的勇毅笃行。天道酬勤是开启梦想之门的密码，锚定目标，撸起袖子加油干、一步一个脚印踏实走，才能把不可能变为可能。

《人民日报》2024 年 12 月 11 日第 5 版

总有一种善意让人动容，总有一种情感直击人心。陌生的城市，普通的街角，好心人及时伸出援助之手，带来暖心的慰藉。也许是出来打工，却尚未找到合适的机会；也许是刚给亲人交完手术费用，一时囊中羞涩；也许是上岁数了，出来遛个弯就忘了回家的路……这时，一份不要钱的包子油条，或是一盘价格优惠的辣椒炒肉盖饭，足以驱走寒意，让人们坚定信念、努力生活。小行大爱静水深流，为一座座城市带来人情的温暖。

《人民日报》2024 年 12 月 12 日第 5 版

党为人民谋福利，人民永远跟党走。将心比心，以心换心。革命战争年代，"跟我上"和"给我上"，两句话标注了人心向背。党员干部只有矢志"为老百姓办事，把老百姓的事情办好"，才能赢得群众真诚的信任和拥护；只有冲锋在前作出好样子，才能凝聚起团结奋斗的强大力量。

《人民日报》2024 年 12 月 13 日第 4 版

文物保护是实践性学科，我们不应当总是谈论高高在上的理论，我们的研究来自于实践，最终也还是要回到实践中去，做到远远比说到重要得多，也难得多。

《人民日报》2024 年 12 月 14 日第 8 版

中国梦是国家梦、民族梦，也是每个中华儿女的梦。在抚今追昔的历史对话中，在砥砺奋进的前行道路上，只要海内外中华儿女紧密团结起来，有力出力，有智出智，团结一心奋斗，就一定能够汇聚起实现梦想的强大力量！

《人民日报》2024 年 12 月 15 日第 6 版

只有按照规律行事，才能取得更好的工作实效和成绩。

《人民日报》2024 年 12 月 16 日第 1 版

人能改造环境，环境也会影响人。但比环境更重要的是人的作为，好环境是干出来的。干事创业、改革发展，成效好不好，很大程度上取决于我们想不想干、有没有办法干成、有没有信心干好。

《人民日报》2024 年 12 月 17 日第 5 版

中国的开放，早已不限于某些区域，也不止于对某些国家，而是全方位、多层次、宽领域的。内陆腹地变开放前沿，引资洼地成创业高地，这样的华丽转身不仅为经济社会高质量发展注入新动力、增添新活力、拓展新空间，还显示出我国扩大开放的巨大潜力。

《人民日报》2024 年 12 月 17 日第 5 版

今天的改革发展工作，既有开拓性又有专业性，仅凭一时热情，难以做到蹄疾步稳，唯有既讲热情又讲科学，才能使工作既抢占先机又符合客观规律。因此，必须把干事热情和科学精神有效结合起来，做到有热情不冲动、有办法不迟疑，既能敢想敢干，又能求实创新。

《人民日报》2024 年 12 月 18 日第 9 版

事物作为一个系统而存在，各要素之间发展具有不平衡性，自然就会产生长板和短板。事实上，系统整体功能发挥的程度，不仅取决于长板，还往往受短板的制约。短板就是要解决的问题。补短板就是一个发现问题、分析问题、解决问题，进而强基固本、开创新局的过程。日日为继、久久为功，把问题一个一个解决，把短板一块一块补齐，我们的工作就能不断进步、事业就能不断发展。

《人民日报》2024 年 12 月 19 日第 9 版

功以才成，业由才广。当前，我国正全面实施"技能中国行动"，随着政策力度不断加强，社会关注度持续提升，学技能有奔头、干技工能成事的共识正在形成。期待更多年轻人把握机遇、奋发有为，努力成为高素质技术技能人才、能工巧匠、大国工匠，投身技能岗位担当大任、出新出彩。

《人民日报》2024年12月20日第20版

一个人的际遇，对生命的领会，会影响到我们对美的追求，对真理的认识。

《人民日报》2024 年 12 月 21 日第 8 版

新时代的青年以理想为船、信念为帆，就能确保始终沿着正确的航向破浪前行。

《人民日报》2024 年 12 月 22 日第 5 版

共产党人勤不言苦、行不畏难，是因为懂得"为谁辛苦为谁甜"的奋斗哲学。党员干部工作勤得像蜜蜂，老百姓的日子甜得像蜂蜜。树立和践行正确政绩观，才是勤政为民的源头活水。锚定为民造福，就能辨析清楚得与舍、大与小、有与无，干干净净做人、清清爽爽干事。

《人民日报》2024 年 12 月 23 日第 4 版

杂交水稻之父袁隆平院士说过："电脑里长不出水稻，书本里也长不出水稻，要种出好水稻必须得下田。"引导更多青年参与到火热实践中来，在实践中成长、在实践中思考，必能培养更多优秀青年人才，为中国式现代化夯实人才根基。

《人民日报》2024年12月24日第5版

正所谓"与善人游，如行雾中；虽不濡湿，潜自有润"。我们身边从不缺少善良勇敢、拼搏奉献的人。他们的事迹，可亲、可近、可信、可学。礼赞身边好人，嘉奖凡人善举，让更多人品读他们的故事，感悟他们的精神，有助于在潜移默化中滋养人们的心灵，带动更多人崇德向善。

《人民日报》2024 年 12 月 25 日第 5 版

在推进中国式现代化的进程中，遇到沟沟坎坎是常态，在爬坡过坎中再过一山、再登一峰，就能看到更壮美的风景。困难挑战是考验智慧的试金石，是成就奇迹的磨刀石。只要思想不滑坡，办法总比困难多。困难挑战并不可怕，可怕的是面对困难挑战时丧失信心、听之任之、麻痹懈怠。坚持干字当头，增强信心、迎难而上、奋发有为，化挑战为机遇、化压力为动力，我们必定能推动中国式现代化行稳致远。

《人民日报》2024年12月26日第9版

治理中的"麻烦事"，是党员干部的"必答题"。初尝会"辣嘴"，可能是历史遗留问题，也可能利益盘根错节；但如果聚精会神察实情、寻良策，终于解开群众心里的"疙瘩"，清走基层发展的"拦路石"，那种价值实现感和实打实的历练成长，会给人带来极大满足。

《人民日报》2024 年 12 月 27 日第 4 版

中华文明犹如一条生生不息的大河，滋养了中华民族的精神世界，为世界文明注入独特的东方智慧。中华文明自古以来主张"和而不同""以德服人"，推崇通过贸易往来、文化交流等和平方式构建相互尊重的不同文明相处之道，认为力量不在于对他者的征服，而在于与他者和谐共处。

《人民日报》2024 年 12 月 28 日第 3 版

自古以来，中国艺术便注重诗情画意的审美表达。比如作为民族艺术的中国画，千百年来，创作者们凝万千思绪于咫尺画幅之间，以笔墨丹青传递"天人合一"的理念、营造物我两忘的境界，使作品不仅呈现出视觉美感，还有隽永的诗意之美——画面流淌出无尽的律动、气韵和哲思，使人获得心灵上的满足。自唐代诗人王维将诗意引入绘画，开创"诗中有画，画中有诗"之意境，对其后中国画的创作、研究与鉴赏产生了深远影响，也由此迎来文人画大兴。诗意的融入，提升了中国画审美境界，提高了绘画在文化系统中的地位与价值。中国画负载起中国人对于生命价值的追问，成为中国人表达情思、寄托情怀的重要方式，蕴藏着不息的生命力量。

《人民日报》2024 年 12 月 29 日第 8 版

十年间，中国关于国际格局演变、经济全球化进程、国际体系变革的一个个重大判断，都已为历史的发展所印证，中国特色大国外交勇毅前行的每一步，都符合历史前进的逻辑、时代发展的潮流。十年间，中国坚持走和平发展道路、拓展同各方共赢合作、维护国际公平正义的一项项庄严承诺，在推动构建人类命运共同体的行动中一一得到践行，"自信自立、开放包容、公道正义、合作共赢"成为国际社会解码中国特色大国外交的关键词。

《人民日报》2024 年 12 月 30 日第 1 版

中国故事，气象万千；改革篇章，分外精彩。其中蕴藏着宏大叙事与个体命运的相生相成，写照着顶层设计与群众首创的良性互动。既波澜壮阔，又细致入微；既引人入胜，又启人入道。

《人民日报》2024 年 12 月 31 日第 4 版

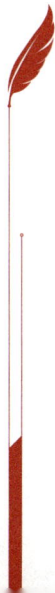

出 版 人：刘华新
责任编辑：周海燕　孙　祺
装帧设计：元泰书装

ISBN 978-7-5115-8684-1

9 787511 586841 >

定价：78.00 元